深远海大型风电机组系统动力学与控制技术

王 磊 金 鑫 韩花丽 谢双义 叶 心 著

科学出版社

北 京

内 容 简 介

本书共 7 章：第 1 章介绍海上漂浮式风力发电机的研究背景及意义，以及当前国内外对于海上漂浮式风力发电机组关于浮式结构、功率控制和载荷控制研究方法以及相关仿真软件的研究现状；第 2 章针对漂浮式风力发电机组的外在运行环境和载荷工况进行了分析；第 3 章研究了风力发电机组系统动力学，分别对漂浮式风力发电机组（风电机组）空气动力学和漂浮式风力发电机组水动力学进行了分析建模仿真；第 4 章主要对漂浮式风电机组功率控制算法进行研究，介绍了最大功率跟踪控制设计；第 5 章主要对漂浮式风电机组载荷控制建模与仿真进行研究，介绍了多种控制方法；第 6 章主要对漂浮式风电机组容错控制设计进行研究；第 7 章主要对漂浮式风电机组仿真平台（FAST）二次开发内容进行介绍。

本书可作为高等院校本科、研究生教学参考用书，也可供从事风力发电技术研究的工程技术人员参考。

图书在版编目（CIP）数据

深远海大型风电机组系统动力学与控制技术 / 王磊等著. —北京：科学出版社，2022.5

ISBN 978-7-03-067041-0

Ⅰ. ①深… Ⅱ. ①王… Ⅲ. ①海上－风力发电机－发电机组－研究 Ⅳ. ①TM315

中国版本图书馆 CIP 数据核字（2020）第 245022 号

责任编辑：叶苏苏 高慧元 / 责任校对：王萌萌
责任印制：罗 科 / 封面设计：义和文创

科 学 出 版 社 出版
北京东黄城根北街 16 号
邮政编码：100717
http://www.sciencep.com
四川煤田地质制图印刷厂 印刷
科学出版社发行 各地新华书店经销

*

2022 年 5 月第 一 版　开本：720 × 1000　1/16
2022 年 5 月第一次印刷　印张：13 1/2
字数：272 000

定价：149.00 元
（如有印装质量问题，我社负责调换）

前　言

随着陆上风电场和近海风电场开发日益饱和，世界各国将深远海风能作为风能开发的重要目标。深海风能开发无疑将大幅度提高基础安装成本，如果依然沿用定桩式技术必然无法满足经济性要求。因此，漂浮式风电机组作为解决这一矛盾的有效手段，近年来成为各国研究的热点。对于漂浮式风电机组而言，引入漂浮式技术，一方面降低了基础的建设安装成本，但另一方面，因为浮式基础使其系统基础的自由度得到释放，在受到湍流风、波浪和洋流作用下，整机系统将产生剧烈的仰俯运动，从而产生较大的极限载荷和疲劳载荷。同时，系统产生载荷响应，导致风轮所产生风功率波动也较大，难以保证其输出功率的平稳性。鉴于此，本书将以深海漂浮式风电机组的载荷控制和功率控制为研究目标，分别从漂浮式风力机系统动力学建模、功率控制和载荷控制三个方面对深海漂浮式风电机组展开研究。

本书主要针对深海漂浮式风力发电机组进行研究，分析了海上风场、波浪等外在环境对其运行的影响，研究分析了空气动力学和水动力学在漂浮式风电机组中的应用，重点研究功率控制和载荷控制的分析和建模，设计相应的控制器，并且在不同情况下进行分析比较。例如，针对极限波浪工况下，风力机浮式平台受风浪作用而产生大幅度仰俯运动，从而导致系统故障，甚至严重倾覆。提出使用主动结构振动控制方式，通过调节阻尼器参数来调整风载荷和波浪载荷下调谐质量阻尼器中质量块的位置，进而调整作用在浮式平台上的作用力，达到风力机的减载和平稳控制。

本书的研究得到了国家自然科学基金面上项目（No. 51875058；No. 51975066）、重庆市基础科学与前沿技术研究专项（CSTC2018jcyjAX0414）、重庆市教委科学技术研究计划项目（No. KJQN20180118）和中央高校前沿交叉研究专项（No. 2019CDQYZDH025）的资助，在此致以诚挚的感谢！本书在编写过程中参阅了大量国内外文献，在此向文献作者及相关单位和个人表示诚挚的感谢。

此外，非常感谢中国船舶集团海装风电股份有限公司的韩花丽高工、明阳智慧能源集团股份公司的刘卫高工、中国科学院工程热物理研究所国家能源风电叶片研发（实验）中心廖猜猜高工、大连理工大学施伟教授、浙江大学李伟教授和司玉林副教授、新疆大学孙文磊教授、湖南科技大学戴巨川教授、哈尔滨工程大学刘宏达副教授、中南大学宋冬然副教授对本书的大力支持，他们在本书编写过程中提出了许多宝贵的修改意见和建议，在此表示衷心的感谢。研究生季龙阁、王俊烽、张磊等同学完成了本书内容的撰写与编辑工作，感谢他们的大力支持与辛勤付出。

　　由于作者水平有限，加之现代载荷控制和功率控制技术正处于不断发展之中，书中难免存在疏漏之处，敬请广大读者批评指正。

作　者

2022 年 3 月

目　　录

第1章 绪 论

1.1 海上风电机组及产业发展简介

风能是可再生能源的重要组成部分[1]，经过几十年的研究与开发已经成为一种主要能源。积极地开发风能对于改善能源系统结构、缓解能源危机、保护生态环境具有深远意义。早期的风电能源开发主要集中在陆上，陆上的风资源开发已经比较成熟。随着风电技术逐渐由陆上延伸到海上，海上风力发电已经成为世界可再生能源发展领域的焦点。海上风电场具有高风速、低风切变、低湍流、高产出等显著优点，加之对人类的影响较小，且可充分借鉴陆上的风电技术经验，海上风电在未来的风电产业中将处于越来越重要的地位，它将为风力发电在未来能源结构中扮演重要角色做出积极的贡献。

相较于陆上风力发电，海上风力发电具有不占用土地资源、风速高且稳定、湍流强度小、视觉及噪声污染小、靠近负荷中心等优势，近年来得到了大力发展。全球风能理事会发布的《2019 年全球风能报告》显示，截至 2019 年底，全球海上风力发电机装机容量已达到 29100MW。根据测算，距离海岸线越远，风速越大，离岸 10km 的海上风速通常比沿岸高 25%，发电量增加越来越明显。一般认为，离岸距离达到 50km 或者水深达到 50m 的风电场即可称为深海风电场。随着潮间带和近海区域风电资源开发强度逐渐饱和以及沿海地区环境保护呼声的日益强烈，今后海上风力发电从潮间带和近海走向深海远岸是必然趋势。如图 1.1 所示，现在的固定式风力机技术被限制在水深 30m 的区域，虽然这一深度有可能增加，但是对于深水区域（大于 50m），固定式风力机已经无法满足经济性要求，漂浮式风力机无疑是最适合的选择。

20 世纪 80～90 年代，欧洲开始大范围的海上风能资源评估及相关基础技术研究，并遵循从研发到示范、再到商业化的路线，分阶段开发建设了一批不同规模的海上风电项目。

一是在海上风电开发研究及示范阶段（1990～2000 年），丹麦、荷兰、西班牙等国共建成 3.2 万 kW 小型海上风电项目用于基础研究与先行示范。这些项目多建于浅海水域或带有保护设施的水域，风力机的单机容量都是百千瓦级别。其中具有标志意义的是，1990 年瑞典在 Nogersund 安装了第一台海上风机，容量 220kW，离岸距离 250m，水深 6m，轮毂高度 37.5m。1991 年，丹麦在波罗的海洛兰岛西岸沿海的温讷比（Vindeby）附近建成世界上第一个海上风电场，安装了 11 台 Bonus 450kW 风电机组，装机容量 5MW。风电场离岸距离 1.5～3km，水深 2.5～5m。

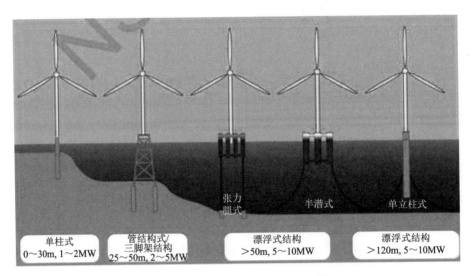

图 1.1　不同支撑结构的风电机组[1]

　　二是在 2000 年以来的海上风电开发商业化示范阶段，欧洲各国开始建设大规模海上风电场。这些项目建设地点离岸更远，多采用大容量风力机。例如，2000 年丹麦在哥本哈根湾建设的世界上第一个商业化意义的海上风电场，安装了 20 台 2MW 的海上风力机并运行至今。2003 年，迄今为止世界上规模最大的 Nysted 海上风电场在丹麦洛兰岛（Lolland）建成，总装机容量 165.6MW，离岸距离 9km，水深 6～10m，共安装了 72 台 Bonus2.3MW 风电机组。2007 年 5 月，苏格兰东海岸的 Beatrice 风电场成功地安装了全球目前单机容量最大的瑞能（Repower）5MW 风电机组。

　　在大型海上示范项目的推动下，世界海上风电装机容量从 2007 年底的 108 万 kW，到 2008 年底的 148.52 万 kW，再到 2019 年的 2900 万 kW，一直稳步增加，如图 1.2 所示。其中，在 2010 年，美国建成本国的第一座海上风电场，安装 140 台 3MW 的风机，总装机容量 42 万 kW，成为当时世界上最大的海上风电场。自 2001 年以来，海上风电产业的年平均增长率为 36%。英国拥有 26 个风电项目，占欧洲海上风电装机总量的 46%，德国和丹麦分别位居第二和第三，其装机总量分别占 30% 和 12%。

　　受到海上风电提速的刺激，世界大型风电装备制造商开始开发用于海上的大型风机，目前，瑞能（Repower）5MW 和 6MW，阿海珐与德国 Bard 的 5MW，以及安耐康的 4.5MW 和 6MW 风机已经开始批量生产，并投入运行，西门子风电（丹麦）3.6MW、华锐风电 5MW 风电机组也已宣布下线。此外，维斯塔斯也宣布其 6MW 风电机组将在明年下线，美国 Clipper 甚至已开始了 10MW 风电机组的研发。

随着近海风电场规模的不断扩大，场址距离陆地的主要电网越来越远，轻型高压直流输电（Voltage Source Converter based High Voltage Direct Current Transmission, VSC-HVDC）技术越来越受到风力发电输电系统尤其是海上输电的青睐，更能体现出其成本、维护、输电质量等方面的优越性。在欧洲，有人大胆地提出了建立欧洲海上超级电网的设想，一旦实现，必将为大规模开发欧洲的海上风电提供基础设施保障。据预测，到 2050 年，欧洲 25% 的电力将由风力机提供[2]。此外，全球风能理事会的研究报告指出，预计到 2023 年，全球新增风电装机总容量将超过 3 亿 kW[3]。海上风力发电在全球能源转型中的作用将越来越大，是推动整体增长的主要原因，到 2023 年海上风力发电将达到总能源容量的 18%。

图 1.2 2011～2019 年全球海上风电装机容量图

我国于 2010 年在上海建立了第一个海上风电场，拥有 34 台风力机。东南沿海地区拥有丰富的海上风能，这为上海等沿海城市提供了良好的条件。从图 1.3 可以看出，2019 年是海上风电产业快速发展的一年，新增装机容量 230 万 kW，累计装机容量 674 万 kW。2018 年以后，单机功率 6MW 的海上风电机组技术成熟，进入批量生产销售时期，成为我国海上风电市场的主流产品[4]。在"十三五"期间，我国海上风电行业坚持突破，项目核准、开工速度不断加快，海上风电行业与研究机构着力于解决海上风电"卡脖子"关键技术难题，不断加强海上风电装备的关键环节与关键产品的保障能力，积极推动大功率海上风电机组关键技术突破，于 2019 年提前完成了"十三五"的装机容量目标的同时，也在海上风电全产业链供应与智慧风场产业有所成就。"十四五"期间，海上风电产业将继续降低成本、扩大规模，助力我国碳中和目标早日实现[5]。

2019 年 5 月 21 日，国家发展改革委发布的《国家发展改革委关于完善风电上网电价政策的通知》明确指出，海上风电上网电价基准改为指导价，新批准海上风电项目均通过竞价确定[6]。预计到 2025 年，陆上风电每千瓦成本将降至 6000 元，海上风电成本将迅速降低，逐步实现平价上网。广东研究院主编的《海上风力发电场设计标准》于 2019 年 10 月 1 日实施。作为海上风电场首个国家标准，已经达到国际先进水平，同时也填补了我国海上风电场设计标准的空白[7]。2019 年 10 月，北京鉴衡认证中心发布《CGC-R49049：2019 海上风电项目认证实施规则》，助力海上风电产业进一步向投资标准化、技术专业化发展[8]。

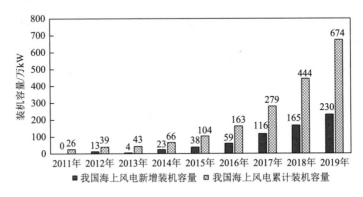

图 1.3　2011～2019 年我国海上风电装机容量图

1.2　深海漂浮式风电发展现状

1.2.1　漂浮式风电产业发展现状

当前世界上应用较多的海上风机支撑结构大都为近海（水深范围为 0～30m）定桩式结构。但是近海空间的限制以及机组大型化带来的视觉、噪声污染的增加等问题，迫使海上风机向深海区域发展。当海水深度超过一定程度（＞50m）时，定桩式支撑结构设施会增加建设成本，使其在经济上变得不可行，因此应用漂浮式风机进行发电更加具有经济性。1973 年，美国麻省理工学院的 Heronemus[9]提出了漂浮式风电机组总体结构概念，其主要结构包含四部分，分别是塔架、风力涡轮机、锚泊系统和浮式基础，但是该概念面临着复杂的技术问题，并且在生产成本上也有所限制。直到 20 世纪 90 年代，在风能产业慢慢发展的背景下，风能利用这一观点才被重新提起并开始研究。1991 年，漂浮式风电机组项目的研究工作最初由英国开始，经过不断的努力，一种名为 Spar[10]的海上漂浮式风力机出现在了世人眼中。之后，Atkins 咨询公司和伦敦大学与荷兰能源研究基金会联合开展漂浮式风电机组研发项目[11]，并最终成功设计出一种漂浮式的海上风场。自此以后，很多国家就渐渐开始对漂浮式风电机组进行研究，并且也成功设计了多种类型的漂浮式海上风力机系统。2009 年，世界首台漂浮式海上风力机 Hywind[12]在挪威海岸附近的北海正式投入运营,标志着全球海上漂浮式风电又向前迈出了一大步。随后,欧洲的很多国家,如英国、丹麦和荷兰等,以及美国、日本在深海风能开发与探究上做出了长远的规划,对深海风电能源的勘探与利用成为未来新能源战略发展的关键方向。2019 年,位于英国苏格兰东北海岸的全球首座漂浮式海上风电场已正式投产运营,可为大约 2 万户家庭供电。另外,我国正处于近海规模化、深海试点化的关键阶段。我国首个海上漂浮式风电示范项目于 2019 年开工,这象征着我国也进入了深海风电资源开发的领域。2021 年 3 月国家能源集团与莆田市签订《深海养殖融合漂浮式海上风机示范框架协议》,是国家能源集团"十四五"十大重点科技攻关项目之一,并计划于 2022 年完成建设。国内高校与研究机构已经着手对漂浮式风电机组特别是大型风电机组的结构设计、数值分析、控制理论与模型试验等进行了深入研究,并取得一定进展。

1.2.2　漂浮式风电机组理论研究发展现状

理论研究对推动漂浮式风机产业发展十分重要。美国国家可再生能源实验室(National Renewable Energy Laboratory,NREL)的 Veers 等联合丹麦科技大学(Danmarks Tekniske Universiet,DTU)的 Katherine 等共同在 *Science* 撰文并探讨了风能科学的重大挑战。其中对于海上漂浮式风机,其理论研究的重大挑战在于风电机组大型化带来的空气动力学、水动力学和结构动力学的相互耦合作用下的计算分析与控制问题。目前来说,漂浮式风电机组理论研究主要集中在浮式基础设计与分析,载荷计算与分析,风电机组动力学与控制设计三个方面。

漂浮式风电机组基础平台类型主要包括驳船式(Barge)、张力腿式(Tension Leg Platform,TLP)、单立柱式(Spar)以及混合式平台如半潜式(Semisubmersible)等,如图 1.4 所示。驳船式平台通过平台的水线面积保持稳定性,并采用锚链系泊系统维持机组的位置。张力腿式平台则是通过压载舱获得足够大的浮力,同

单立柱式　　　　　半潜式　　　　　张力腿式　　　　　驳船式

图 1.4　浮式基础结构

时也采用拉紧锚链系统进行位置固定。Spar 式平台则通过降低平台重心增加其稳定性，同时也采用悬链系泊系统保持平台稳定[13, 14]。半潜式依靠大水面、深吃水和压舱物三种方式来维持风力机系统的稳定。

在风和波浪的作用下，海上漂浮式支撑结构有显著振动现象，故可能造成疲劳载荷现象。同时，叶片、支撑结构和其他部件也会受到极端载荷的影响。疲劳载荷现象可能引起维修成本的增加，同时降低了支撑结构的可靠性，导致昂贵的组件更换和失效现象。

在漂浮式海上风电机组初始研究过程中，为了能够很好地对风力机所受到的载荷进行分析，常利用简化之后的风力机模型。即将风力机所受风力面简化为单一面，然后利用海洋工程规范来分析和计算风力机总体强度等。近几年，随着对风电机组载荷不断地进行研究，很多学者渐渐在定桩式风力机空气动力学理论的修正基础上，针对漂浮式风电机组开创了新的计算与分析的方式。苏祖基（Suzuki）等利用修正后的推力系数等对条件进行简化，然后结合叶素动量（Blade Element Momentum，BEM）理论，利用计算机编写计算程序对海上浮式基础运动而引起的风力机载荷进行分析，并且与实验结果进行对比从而得到较准确的结果。相关研究表明，风力机本身结构强度和疲劳程度在很大程度上与漂浮式基础运动是有关联的。因此，只能先将漂浮式基础运动范围进行制约，然后才可以将用在优化陆上风力机的方法应用于漂浮式风电机组。目前，麻省理工学院（Massachusetts Institute of Technology，MIT）和 NREL 常常使用一种名为 AeroDyn 的风力机空气动力学程序来分析海上漂浮式风力机系统之间的耦合作用。丹麦里瑟国家实验室同样也编写了一种计算程序，专门针对漂浮式海上风力机的空气动力学问题进行计算，并具有较广泛的应用。直至目前，许多国家的研究人员持续研究漂浮式海上风电机组，而在此研究领域里最突出的要算美国国家可再生能源实验室。在漂浮式海上风力机领域，该机构不但在理论研究上有重大的突破和进展，同时也开发了用于漂浮式海上风电研究的仿真分析软件平台 FAST（Fatigue, Aerodynamics, Structures and Turbulence），并对额定功率为 5MW 的漂浮式海上风电机组进行分析，成功建立其非线性仿真模型。该平台针对风力机的疲劳载荷、空气动力学、水动力学、结构与扰动等模块进行了严密的分析与计算，具有极其重要的理论和实际意义。其中，约恩克曼（Jonkman）和马塔（Matha）利用基准控制器对漂浮式海上风力机进行理论研究。研究结果显示，该方法针对浮式平台的结构振动产生了抑制作用，但同时也造成了风力机输出功率的波动；在增加叶片寿命方面，为了防止叶片共振，尼尔森（Nielsen）和 Skaare 采用预估控制器降低了机组疲劳载荷，但也同样使得输出功率波动增强；Matha 分析了基于驳船式、单立柱式、张力腿式三种不同类型的浮式平台的机组稳定性，并采用量化分析方法针对三种不同浮式平台所产生的整机载荷进行了比较。

目前，很多国家都将大功率漂浮式风电机组作为研究对象。对于大功率漂浮式海上风力机而言，其自身在利用深海风能资源方面有很大潜力，但是由于机组外部载荷所受到的影响复杂性较高，在研究过程中会出现层出不穷的困难和问题。其原因在于漂浮式海上风电机组受到的风和波浪等外部载荷耦合作用影响，而且漂浮式风力机的本身巨大推力和倾覆力矩也会产生较大作用。此外，漂浮式海上风力机塔架结构比较高，从而使系统重心也随之显著提高，而浮式平台运动也具有多自由度，从而导致风力机系统稳定性变差。对漂浮式风电机组而言，当外部环境载荷产生变化，特别是来自于风和波浪的作用发生变化时，非常容易使风电机组的塔架和漂浮式基础平台产生俯仰运动。同时，漂浮式风电机组本身的惯性和重力比较大，从而在较大程度上增大了风力机的结构载荷，这样不仅导致风电机组在齿轮箱、叶片和偏航系统等方面的载荷加大，同时也可能对采用其他先进控制技术后的漂浮式风电机组的运行效果产生影响，甚至可能使得所采用的方法不起作用。因此，在外部载荷变化的影响下，利用对漂浮式海上风电机组的结构分析，采用结构的主动控制来提高风力机的结构稳定性和发电效率可靠性是非常有必要的。

对于大功率漂浮式风电机组，控制策略主要在于载荷控制与功率控制。在风、波浪外部载荷的耦合作用下，具有更多自由度的浮式平台的运动对系统的稳定性和安全性提出了更为严苛的要求：从稳定性的角度来看，环境载荷波动会造成风电机组载荷的波动变化，引起风电机组输出功率不稳定。独立变桨距控制方法可以有效地解决水平轴风机由塔影效应、风剪切效应等干扰因素引起的机组塔架及叶片等部件载荷在时间和空间上分布不均匀问题，从而保持输出功率的稳定。

漂浮式风力机在长时间的运行过程中，子系统或零部件发生故障是不可避免的。子系统故障再加上各种未知外部干扰，会极大地降低风机系统整体性能，在增加运维成本的同时降低了机组发电效率稳定性，亟须提出一套行之有效的容错控制方法，使大型漂浮式风机子系统具备抵抗各种极端工况下应对故障与外部干扰的能力，以确保风机"安全、稳定、高效"服役，从根本上提高系统稳定性与可靠性。

1.2.3　漂浮式风电机组装机情况

漂浮式风电经过数十年的发展，不仅在技术研究上取得了较大进步，而且在全世界范围内有了实际产业应用。虽然迄今为止全球已安装的漂浮式风电机组装机容量只有100MW级别，但未来漂浮式风电市场将十分广阔。

随着海上风电业务的不断增长，各国在学习借鉴固定式海上风电的基础上，着手开始了漂浮式海上风电的研究并积极探索了漂浮式海上风电的商业化路径。挪威于2009年部署了第一台Hywind 2.3MW试验样机，随后葡萄牙、英国、法国等海上风资源丰富的国家也相继研发了一些新概念漂浮式风电机组并开始投产。在全球漂浮式风电的已建成和正在开发的项目中，欧洲占据了 3/4 以上。自 2017 年以来，欧洲部分目前在建，以及已经建成或在规划的漂浮式风电项目或者样机工程如表 1.1 所示。

表 1.1　建成或在规划的漂浮式风电项目或者样机工程

项目名称	装机容量	国家	投产时间
Hywind Scotland	30MW	英国	2017 年
Windfloat Atlantic	25MW	葡萄牙	2019 年
Flocan 5 Canary	25MW	西班牙	2020 年
Sea Twirl S2	1MW	瑞典	2020 年
Kincardine	49MW	英国	2020 年
Forthwind Project	12MW	英国	2020 年
EFGL	24MW	法国	2021 年
Groix-Belle-lle	24MW	法国	2021 年
PGL Wind Farm	24MW	法国	2021 年
EolMed	25MW	法国	2021 年
Katanes Floating Energy Park-Array	32MW	英国	2022 年
Hywind Tampen	88MW	挪威	2022 年

　　全球首个商业化运行启动漂浮式风电项目为总装机容量 30MW 位于英国苏格兰的海温德（Hywind）海上风电场，代表着海上风电行业正式向深海进军。葡萄牙 Windfloat Atlantic 风电场是全球首个半潜漂浮式海上风电商用项目，已经于 2019 年投运[15]。西班牙 Flocan 5 Canary 在 2020 年投产 25MW 漂浮式风电场，基础类型采用 Semi-Spar 型。法国目前也计划建造 4 座共计 24MW 漂浮式示范项目。挪威启动了 Hywind Tampen 88MW 漂浮式风电场，该风场由 11 台风机组成，采用 Semi-Spar-Tlp 型基础和共用锚链系统，生产的电能将供给海上石油开采平台，预计将实现 20 万吨/年 CO_2 减排量。Alpha Wind 也计划在美国夏威夷开发 2 个 400MW 的漂浮式海上风电场，并将采用 8MW 风机及 Windfloat 半潜式基础。日本于 2013 年投产第一个漂浮式海上风电场 Fukashima ph1，目前为止已有 4 个漂浮式风电项目投产，并且 Ideol 和 Acacia 正计划在 2023 年投产大型商用漂浮式海上风电项目。我国漂浮式风电研究起步较晚，于 2013 年启动了漂浮式海上研发。目前，国内已有多项漂浮式海上风电的科研项目正在政府的支持和企业的推动下深入开展。湘电风能与金风科技分别对基于半潜式基础的漂浮式风电机组进行载荷分析与关键技术验证，随着漂浮式风电研究热度提高，三峡集团、中国船舶集团海装风电、龙源电力集团、中国广核集团和中国海洋石油集团等企业都分别规划了漂浮式海上风电示范项目。由以上分析可知，各个国家自 2009 年第一台漂浮式风机问世后

开始着手由样机设计走向小批量投产，并于 2020 年后装机量明显增多，这说明漂浮式风电机组开发技术正在日趋成熟，各个国家对深远海风资源的开发将迎来爆发。

1.2.4 漂浮式风电机组的控制策略

目前各国在研究深海风力发电技术时，均把大功率海上漂浮式风电机组作为研究对象。漂浮式风电机组作为一类典型的非线性快速时变系统，虽然其本身能够较大程度上利用深海的资源，但其外部载荷条件比相对小功率的陆上及近海风机系统更加复杂。漂浮式海上风力机控制策略主要集中于风力机基础结构振动控制、载荷控制、功率控制与容错控制。

目前，结构振动控制主要应用于土木工程方向，土木工程中的结构振动控制在近几十年里是一个热门的研究领域，主要是保护主体结构免受来自于地震、风、波浪和其他因素引起的动态负载的影响。目前，在许多的结构振动控制范畴里，常用的控制方式有三种：①被动控制；②半主动控制；③主动控制。针对被动结构振动控制而言，它具有不变的控制参数和零能量输入的特点。例如，调谐质量阻尼器（Tuned Mass Damper，TMD）就是简单的被动结构振动控制系统，它可以吸收整个结构在某种特定频率下的能量。而对于半主动结构振动控制方式而言，其系统参数可随时间进行调整，该控制方式提供了更灵活和更好的控制性能。在某些情况下，半主动结构振动控制系统则是利用主结构的运动响应状态来对半主动控制系统的装置进行反馈控制调节。这样的系统需要额外的传感器测试结构响应，同时也需要一种控制算法调节装置的可变参数。主动控制方法相对于前两种控制方法而言更加复杂，采用可控力执行器可以提高被动 TMD 的输出状态。目前，结构振动控制系统已经成功地应用于不同的结构中，通常应用在亚洲地震高发地区的大型建筑中。长岛（Nagashima）等已经成功将结构振动控制系统运用于实践当中。

目前，对于风电机组的结构振动控制而言，很多研究者主要研究了应用于陆上风电机组的先进控制算法和测量系统。例如，Pao 和 Johnson 等研究了基于系统良好鲁棒性的各种非线性和自适应控制方法。该研究方法通过先进传感器预测风波动的信息加强了反馈-前馈控制算法。此外，针对独立变桨距和避免共振技术的研究，显著减少了风力机叶片所受到的负荷。但需要指出的是，这些研究均没有考虑新的附加自由度，在许多情况下忽略了海上环境中波浪载荷和支撑结构之间的耦合作用带来的额外复杂性。针对浮式风力机的控制，研究人员常常利用改变风力机桨距角和发电机驱动扭矩来改善漂浮式支撑结构运动阻尼和负载。虽然该方法具有良好的有效性，但是它们有两个缺陷：第一，该方法通过增加变桨距执行器的使用来减少平台运动和塔架负荷，但却对发电机功率输出产生影响并增加了叶片根部疲劳载荷；第二，对于漂浮式风力机系统而言，虽然采用新的控制方法使产生的负载减少，但是相对意义上仍然导致了不可接受的较大结构负载。因此，在针对漂浮式风力机结构的控制问题上，以上提出的控制方法并不能很有效地产生作用。对于漂浮式风力机系统而言，降低主结构较大的负载并且减小主结构运动是有必要的，故需要寻找替代的减载措施和方法，如土木工程中常常使用的结构振动控制方法。

对风力发电机的结构振动控制是相对比较新颖的一个研究问题。近年来，已有相关学者试图将风力发电机和结构振动控制技术相结合。例如，约恩克曼（Jonkman）等将被动 TMD 控制结构与近海定桩式风力发电机相结合，研究被动 TMD 的结构振动控制效果。卡泰里诺（Caterino）研究了使用磁流变阻尼器对风力机塔架在风致振动下的半主动控制。结果表明，所提出的控制技术在降低塔基应力方面是有效的。穆安乐等利用主动 TMD 对单立柱式海上漂浮式风力机的塔架振动位移进行了控制，结果表明塔架振动最大位移可减小 55%。这些研究表明，应用将结构振动控制方法应用于风力机是可行的。但需要指出的是，针对漂浮式风力机的结构振动控制研究还相对较少，同时考虑到漂浮式基础平台在海洋环境下运动的复杂性，仍需要对其进行更为深入的研究。

风机运行在切入风速和额定风速之间时，首要目标是实现发电功率最大化，这主要依靠设计控制器来跟踪期望转子速度来跟踪期望功率。然而，假设系统参数和空气动力学特性是可得的，但这种假设在现实中很难满足。而且在传统的控制器设计中，面对一直存在由风的波动性和随机性导致的非线性时变参数问题，通常选择简化或者忽视这个问题。本书提出一种自适应神经网络全局跟踪控制方法，实现对变速风力机转速的跟踪控制。首先，建立变速风力机的非线性模型，通过系统转换方法，将非仿射的系统转换为仿射的反馈系统。使用神经网络观测器对不可得的系统状态进行估计。然后，将提出的方法用于局部控制器设计，从而获得良好的控制效果。

目前对于大型风机主要采用变速结合主动变桨距控制方法来实现功率优化及载荷控制。风力发电机系统是典型的非线性快速时变系统，对变桨距控制方法的性能要求更高。早期的变桨距控制方法是统一变桨距控制（Collective Pitch Control，CPC），其原理是基于控制叶轮转速从而控制风机所产生的功率。近年来，在统一变桨距的基础上，独立变桨距控制（Individual Pitch Control，IPC）方法逐渐发展起来。

Qian 等[16]提出了预测-修正桨距角控制策略，通过使用风速数据来预测变桨角度，然后使用 PI 控制器来分析控制误差，但系统的成本和复杂性很高。传统变桨控制器的主要缺点是它无法跟踪系统的非线性。此外，与其他技术相比，传统控制器的响应时间非常慢，并且对于系统模型较为依赖。因此，有必要对该算法进一步改进。由于变桨距系统是一个复杂的、快速变化的非线性动态系统，具有多个未知扰动和各种不确定性，变桨控制策略可能相当复杂[17-20]。到目前为止，先进的控制策略被认为是一种很有前途的解决方案。Howlader 等[21]设计了基于鲁棒 H_∞ 技术的控制器。坐标控制策略用于控制变桨系统，以降低叶片应力并通过控制系统频率来减小整个系统的尺寸。桨距角控制器将风力发电机的输出功率和风速作为输入参数。鲁棒控制器在系统鲁棒性方面具有良好的效率，可以补偿系统的不确定性和稳定性，但是鲁棒控制器使控制方案变得复杂，从而无法在现有主要系统中实现响应。一些研究将神经网络应用到变桨控制系统中。神经网络可以充分利用观测数据、在线学习和修改参数，实现神经网络自适应控制。在这种情况下，它在处理系统的不确定性和干扰方面是十分有效的[22, 23]。

本书针对漂浮式风机变桨距系统的非线性特性与参数的不确定性等特点，建立了风机独立变桨距系统非线性模型。并在考虑系统非线性与外部扰动的情况下，基于机组叶片承受轴向不平衡气动载荷的动态减载问题，提出了适用于多输入多输出系统的鲁棒自适应 PI 跟踪控制方法，对机组进行可靠的独立变桨控制，保证风机输出功率的稳定性。并在此基础上，基于径向基函数神经网络提出一种有限时间控制器，实现对期望角度的有限时间跟踪。

在海上风电规模化发展的过程中，降低风机离岸产生的额外成本与提高风机的运行可靠性是当前面临的一个巨大挑战。随着机组单机容量不断增大，风轮直径也不断增加，进而造成由湍流、塔影效应以及风剪切效应引起的俯仰弯矩、偏航弯矩等复杂载荷的增大。这些复杂载荷会加快风电机组的疲劳，缩短机组的使用寿命，降低经济效益。因此，有必要采取一定的措施或方法减少附加载荷，延长机组寿命，保证风机发电功率稳定与运行可靠性。然而，在长期的运行过程中，面对各种恶劣工况，风机子系统会不可避免地出现传感器故障或者执行器故障的情况，可能引起系统整体结构和性能的缓慢或急剧变化，从而影响风机系统的整体稳定性与安全性。变桨距系统是风机的核心部件之一，同时也是故障率最高的子系统之一。其故障占比高达 21%，同时也占据了 23%的风机停机原因，加上风机不定期的维修保养的耗费与风机停机的损失较大，因此，如何保证漂浮式风电机组在复杂的外界载荷和未知外部扰动下保证执行器故障的变桨系统能够实时快速高效地处理故障，保证系统总体稳定，功率稳定输出和降低不平衡载荷对风机的影响，是目前亟须解决的问题。容错控制方式是提高系统安全性与可靠性的有效方法之一。其能够使风机出现故障时，仍然保持联机状态，在确保风机系统整体安全的情况下，减少因故障带来的经济损失。近年来，基于模型的容错控制在风力机中的应用逐渐扩大。Sloth 等[24]针对变桨系统故障，设计了基于线性变参数（Linear Parameter Varying，LPV）的主动容错控制器。Sami 和 Patton[25]设计了一种基于增益自适应控制的 5MW 低风速风电机组滑模容错控制，使用鲁棒观测器估计状态和未知输出（传感器故障和噪声）。Rotondo 等[26]提出了一种基于区间观测器的风电机组传感器或执行器故障检测与隔离方法，根据获取的故障信息，利用虚拟传感器或执行器技术实现对相应故障的容错控制。然而，目前的容错控制策略一般只针对单一故障。因此，当风电机组执行器和传感器同时出现故障时，如何保证系统在规定的性能指标下稳定运行就成为一个挑战。本书提出了一种基于传感器和执行器同时故障的主动容错控制策略。该容错控制策略由两部分组成，第一部分采用自抗扰控制技术，保证风电机组在无故障的情况下稳定输出功率。第二部分设计了广义滑模观测器，实现了对原系统状态、俯仰执行器故障和俯仰传感器故障的连续估计，基于状态估计和故障估计信息，设计了容错控制器，使系统在俯仰执行器和俯仰传感器同时发生故障的情况下保持稳定运行。

1.2.5　漂浮式海上风电相关仿真软件现状

风力发电系统是一个复杂的系统，一个完整的风力发电系统主要部件有叶片、齿轮箱（对于非直驱的风力发电机而言）、发电机、控制系统、变流器、塔架、偏航系统、轮毂、变桨系统和主轴等几部分。在风力发电机系统的设计过程中验证系统的正确性、有效性和是否可以达到设计指标，仿真成为一种必要的手段。仿真建模研究软件在当今各种工程项目评估中的应用非常广泛，尤其在建设和运行风电场的过程中起到极为重要的作用。不同的模拟仿真软件工具可对电力系统、电力转换、发电机、机械部件和风机空气动力学特性等各方面进行仿真模拟，而且在不同的时间和阶段应采用不同的软件进行仿真建模。目前风力发电系统仿真软件比较常用的主要有挪威船级社（DET NORSKE VERITAS，DNV）的 GH Bladed，NREL 的 FAST、挪威 DNV 的 Sesam、荷兰 WMC 公司的 FOCUS6 以及挪威 SIMIS as 公司的 Ashes。其中，Bladed 软件拥有友好的用户界面，操作方便，是风机性能和载荷计算的集成化软件包，提供综合模型用于风力机的初步设计、详细设计和风力机的零部件技术要求以及风力机验证，其中还包括风力机参数、风和载荷工况的定义以及稳态性能的计算（空气动力学计算、性能参数计算、功率曲线计算、稳态运行载荷计算等），动态模拟计算和对计算结果的后处理以及报告的自动输出等功能。FAST 是由众多软件组成的一个风力发电系统综合仿真软件。可以对水平轴两叶片和三叶片的风机进行极限载荷和疲劳载荷的计算，其中仿真所需的风可以由 Turbsim 和 IEWind 产生，空气动力学载荷计算由爱诺敦（Aerodyn）完成，叶片塔架平台等结构由 BMODE 产生，翼型数据可以由 Foilchek 产生，噪声、波浪等因素也由专业的软件来产生，后处理部分由 Crunch 软件完成。有一个主输入文件作为 FAST 运行的配置主要描述了风力发电机运行参数和基本几何尺寸参数。这些参数包括仿真控制、风力发电机控制、重力环境条件、自由度选择、风力发电机初始条件、风力发电机配置、各个部件的质量和转动惯量、传动系统、发电机模型、基础模型、塔架模型、偏航动力学参数、叶片模型、气动模型、ADAMS数据接口、线性化控制和输出参数说明等。FAST 功能强大且代码开源具有良好的可拓展性，同时开发了与 GH Bladed 的数据接口。2005 年，FAST 与 AeroDyn 通过德国劳埃德船级社（Germanischer Lloyd Wind Energie）的评估，被认为适合对陆上风力发电机进行载荷计算与认证。同时其他领域的专业软件也可以用来对风力发电系统进行仿真建模，如 MATLAB。MATLAB 是美国 MathWorks 公司出品的商业数学软件，用于算法开发、数据可视化、数据分析以及数值计算的高级技术计算语言和交互式环境，主要包括 MATLAB 和 Simulink 两大部分。它将数值分析、矩阵计算、科学数据可视化以及非线性动态系统的建模和仿真等诸多强大功能集成在一个易于使用的视窗环境中，为科学研究、工程设计以及必须进行有效数值计算的众多科学领域提供了一种全面的解决方案，并在很大程度上摆脱了传统非交互式程序设计语言（如 C、Fortran）的编辑模式，但是它们若要对风力发电系统进行仿真分析必须自建仿真模型，麻烦且粗糙，不能满足对复杂风电系统建模的需要。Sesam 软件专注于船舶与海洋工程结构物的结构强度计算、疲劳分析、水动力计算、立管及系泊系统分析，是海上安装施工操作及海上风机下部结构计算的系列软件，可广泛适用于固定式结构物（如导管架平台 Jacket、自升式平台Jack-up 等）、漂浮式结构物 [半潜式平台（Semisubmersible）、张力腿平台（TLP）、单立柱式平台（Spar）以及驳船等] 以及海上风电结构物的设计与分析。FOCUS6是用于设计风机和风机组件（如转子叶片）的集成模块化工具，并将陆上和海上风力涡轮机设计与叶片和支撑结构设计集成在一起。FOCUS Core 系统是模块化的集成软件设计套件。核心系统包括图形用户界面、扩展的数据库结构、各种模块的控制和集成以及后处理工具。核心系统允许对模型进行参数化并具有优化功能，并使用 Python 界面，使得任务可以自动化完成。Ashes 则是利用有限元方法（Finite Element Method，FEM）结合梁单元的同向旋转公式来确定结构的动力响应。Ashes 根据模型、分析类型和工况特征自动选择合适的求解器，气动载荷是通过使用叶素动量理论确定的，该理论完全耦合到结构响应。Ashes 包括因塔架和轮毂的存在而造成的损失以及叶尖损失的模型，支持稳定风、偏航入流、风切变和不同的湍流模型。Ashes 使用 Morison 方程和结构响应来计算波浪荷载，可以包括线性和非线性的浮力负载。Ashes 可定制的比例积分控制器控制所施加的发电机转矩和叶片的桨距角。可以通过与 Bladed 兼容的外部 DLL 文件进一步包含自定义控制系统。Ashes 的用户界面基于 Qt 框架构建，而 OpenGL 用于 3D 可视化。除 Qt 外，Ashes 不使用任何外部库。所有代码均是用 C＋＋编写。

第2章 海上漂浮式风电机组运行环境与工况

2.1 海上风场特征

2.1.1 海上长期风速

研究表明，由于海面的粗糙度较陆地小，离岸 10km 的海上风速比岸上高 25% 以上，故海上年平均风速明显大于陆地。海上风场风速的变化表现与陆上风场相似，即随着空间和时间的变化而变化。风速的空间变化反映的是风速在风场中的稳态空间分布特征。在较长的时间尺度内，风场风速的均值变化是较为缓慢的，甚至可以大致认为不随时间变化，而主要受某些环境固有属性的影响，如风场所处的纬度、地理环境、地表情况和风场中某点所处的位置等。当风电机组的安装位置确定之后，海上风场的位置和地理情况就确定了，此时风速的空间变化主要表现为风速随高度的指数变化。在近地边界层高度范围内，风速的空间变化通常可以用风速随高度的垂直分布轮廓线方程确定，常用的两类方程为幂指数关系或对数关系[27]，可分别写为

$$V(h) = V(h_0) \left(\frac{h}{h_0} \right)^{\alpha} \tag{2.1}$$

$$V(h) = V(h_0) \left(\frac{\log_{10}(h/z_0)}{\log_{10}(h_0/z_0)} \right) \tag{2.2}$$

其中，h_0 为参考高度；$V(h_0)$ 为参考高度 h_0（通常选择轮毂中心距地表的高度）处的风速；h 是风场中某点的高度；α 为风剪指数，其取值与地表类型有关，一般在 0.14 附近；z_0 为地表粗糙度，可以使用史密斯-卡森（Smith-Carson）方程计算[28]

$$z_0 = 0.2 \frac{(\Delta H)^2}{L} \tag{2.3}$$

其中，ΔH 为距离 L 范围内的海拔高程差，ΔH 的取值一般为 30～600m；在不同的地表类型，L 的取值一般为 5～50km。

相对于幂指数关系，对数关系存在一些缺点，如它不能在零平面以下进行计算，并且很难积分。基于此，通常选择使用幂指数轮廓线，但这两条轮廓线描述的轮廓非常相似。图 2.1 表示的是对数轮廓线和幂指数轮廓线的比较。其中，

$z_0 = 0.02\text{m}$，　$\alpha = 0.128$，　$V(h_0) = 10\text{m/s}$，　$h_0 = 90\text{m}$。由于这些相似之处，一般认为幂指数轮廓线对于工程需求是足够的。

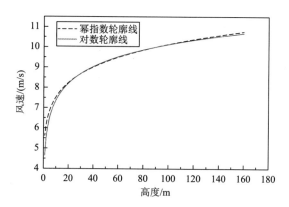

图 2.1　幂指数轮廓线与对数轮廓线的比较

此外，风力机塔架的存在，会使流过塔架的风场稳态风速发生扭曲，影响风力机叶片的工作条件，是叶片疲劳载荷的一个重要来源。对于上风向结构的风力机，以轮毂为参考点，风轮最低点附近 ±60° 方位角扇形范围内某点处的风速为[29]

$$V(x,z) = AV_0 \qquad (2.4)$$

$$A = 1 + \left(\frac{D}{2}\right)^2 \frac{(x^2 - z^2)}{(x^2 + z^2)^2} \qquad (2.5)$$

$$D = F \cdot D_T \qquad (2.6)$$

其中，V_0 是塔架上风向风速的纵向分量；D_T 为计算塔影效应时，该处塔架的直径；F 为塔架直径修正因子；x 为点 P 距离塔架中心线的纵向距离；z 为过点 P 的风速向量与塔架中心的距离。

对于下风向结构的风轮，风轮最低点附近 ±60° 方位角扇形范围内某点处的风速为

$$V(x,z) = AV_0 \qquad (2.7)$$

$$A = 1 - \Delta \cos^2\left(\frac{\pi x}{WD_T}\right) \qquad (2.8)$$

其中，Δ 是尾流中心的最大速度损失，表示为局部风速的一部分；W 是塔影效应的宽度，与 D_T 成正比。对于其他的方位角位置，采用上风向结构风力机相同的修正因子计算。

风速随时间变化反映的是风场的非稳态特征。风场中某点处风速随时间的变化是随机的，因此很难预测某一时刻风速的大小和方向，但是在一段时间内风速的变化却有规律可循。在风力发电中，常常采用两种时间尺度。一种以一年为时

间尺度，大量的实测和统计分析表明，风速在一年内的变化可以用某种概率分布表示，其中 Weibull 分布和 Rayleigh 分布可以很好地表示多个典型地点处的小时平均风速的变化。

Weibull 风速分布函数 P_{w} 为

$$P_{\mathrm{w}}(V_{\mathrm{hub}}) = 1 - \exp\left(-\left(\frac{V_{\mathrm{hub}}}{cV_{\mathrm{aver}}}\right)^{k}\right) \tag{2.9}$$

对 V_{hub} 求导，得到分布密度函数 p_{w} 为

$$p_{\mathrm{w}}(V_{\mathrm{hub}}) = k\frac{V_{\mathrm{hub}}^{k-1}}{(cV_{\mathrm{aver}})^{k}}\exp\left(-\left(\frac{V_{\mathrm{hub}}}{cV_{\mathrm{aver}}}\right)^{k}\right) \tag{2.10}$$

其中，k 为 Weibull 分布函数的形状参数，一般取值为 1.25～3.0，较大的 k 值意味着小时平均风速相对于年平均风速的变化较小，反之则较大；c 为 Weibull 分布函数的尺度参数，满足关系 $c = V_{\mathrm{aver}} / (\Gamma(1+1/k))$；$V_{\mathrm{hub}}$ 为风力机轮毂处的风速；V_{aver} 为年平均风速；Γ 为伽马（Gamma）函数。

当式（2.9）和式（2.10）中的 $k = 2$ 时，就得到 Rayleigh 分布函数，对应的 $c = V_{\mathrm{aver}} / (\sqrt{\pi} / 2) = V_{\mathrm{aver}} / 0.8862$。图 2.2 表示的是不同形状参数下的平均风速概率分布曲线。

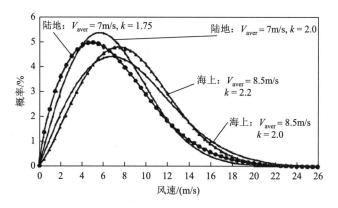

图 2.2 不同形状参数下的平均风速概率分布曲线

Weibull 分布和 Rayleigh 分布可以较好地拟合实际的平均风速的概率密度曲线，但是对于风力发电机系统动态仿真研究来说，它们显得太粗糙了，只能反映风速变化中频率较低的成分，而大量的频率较高的成分则在风速平均化处理过程中丢失了，表现在时域上为风场的平均风速变化较慢。对于某些静态分析，如计算风力发电机组的年发电量和风力机部件的等效疲劳载荷等，能够满足预测的要求，但对于需要精确刻画某一段时间内风速变化的系统动态仿真研究来说就不能

满足需要。因此，在风力发电机动态仿真研究之前，不但要确定合适的仿真时间长度，还需要找到与之相对应的风速变化表示方法。另外一种时间尺度，就是目前风力发电机系统动态仿真研究中常用的以 10min 长度为统计单位的时间尺度。大量的仿真试验表明，该时间既可以较好地反映风速随机变化中的频率成分，也可以降低系统动态仿真的难度和减轻工作量。

2.1.2　修正的 von Karman 谱的湍流模型

在海上风场整体建模中，可将风速的变化简化为由长时间风速变化确定的均值分量与随机变化的湍流分量的叠加。在整个仿真过程中，风速均值变化缓慢，因此可以将它视为不变的，而将湍流分量视为零均值的平稳各态经历随机过程。这样，则可以通过给定湍流变化的功率谱，用对白噪声进行线性滤波的方法[30][如自回规模型（Autoregressive Model，AR 模型）与自回归滑动平均模型（Autoregressive Moving Average Model，ARMA 模型）等]或三角级数谐波叠加法[31]等方法模拟生成海上风场风速变化的湍流分量时序数据。湍流分量的功率谱可以由通过对海上风场风速实测数据统计分析得到，也可以采用设计规范推荐的风速谱，如 von Karman 谱等。特别地，欧美等地通过大量海上风速测试，对风速谱进行了修正。在工程实际应用中，主要采用风速谱进行逆傅里叶变换来模拟脉动风速时间序列。

湍流谱是描述风速变化的功率谱。根据科尔英戈罗夫（Kolmogorov）定律，在高频区，湍流谱一定接近一条与 $n^{-5/3}$ 成比例的渐近线，其中 n 为频率。此关系式基于湍流的旋涡产生衰减，这是由于随着频率的增加，湍流能量以热量的形式散发出去。

湍流的纵向分量的功率谱通常采用 von Karman 谱模型和 Kaimal 模型。其中，von Karman 谱模型可用于产生纵向、侧向和垂向三个方向的湍流风速分量，而 Kaimal 模型只用于产生纵向湍流风速分量，仿真时可以根据需求进行选择。但研究表明，von Karman 谱模型可以很好地描述在 150m 以上的大气湍流，但在描述较低高度湍流风速时，还有一定不足。因此，英国工程咨询组织 ESDU（Engineering Sciences Data Unit）对 von Karman 谱模型进行了修正。

本书以修正的 von Karman 谱模型为例对风力机风场湍流时序数据进行模拟。假设风场风速变化的三个湍流分量相互独立。根据 von Karman 谱模型，其修正的湍流纵向分量自相关谱密度函数为[29]

$$\frac{nS_{uu}(n)}{\sigma_u^2} = \beta_1 \frac{2.987\tilde{n}_u / a}{((1 + 2\pi\tilde{n}_u / a)^2)^{5/6}} + \beta_2 \frac{1.294\tilde{n}_u / a}{((1 + 2\pi\tilde{n}_u / a)^2)^{5/6}} F_1 \qquad (2.11)$$

其中，S_{uu} 是纵向湍流分量的自相关谱；n 是频率；σ_u 是风速变化的标准差。

$$\tilde{n}_u = n^x L_u / \bar{U}_0 \qquad (2.12)$$

该式为无量纲的频率参数；^xL_u 是纵向湍流分量长度尺度。

类似地，侧向湍流分量 v 和垂向湍流分量 w 变化对应的自相关谱为

$$\frac{nS_{ii}(n)}{\sigma_u^2} = \beta_1 \frac{2.987(1+(8/3)(4\pi\tilde{n}_i/a)^2)(\tilde{n}_i/a)}{((1+4\pi\tilde{n}_i/a)^2)^{5/6}} + \beta_2 \frac{1.294\tilde{n}_i/a}{((1+2\pi\tilde{n}_i/a)^2)^{5/6}}F_2 \quad (2.13)$$

其中，$\tilde{n}_i = n{}^xL_i/\bar{U}_0$；下标 i 为 v 时，表示侧向湍流分量的自相关谱，为 w 时，表示垂向湍流分量的自相关谱；^xL_v 和 ^xL_w 分别是湍流的侧向和垂向分量长度尺度。

五个附加参数如下：

$$F_1 = 1 + 0.455\exp(-0.76(\tilde{n}_u/a)^{-0.8}) \quad (2.14)$$

$$F_2 = 1 + 2.88\exp(-0.218(\tilde{n}_i/a)^{-0.9}) \quad (2.15)$$

$$\beta_1 = 2.357a - 0.761 \quad (2.16)$$

$$\beta_2 = 1 - \beta_1 \quad (2.17)$$

$$a = 0.535 + 2.76(0.138 - A)^{0.68} \quad (2.18)$$

其中的参数定义如下：

$$A = 0.115(1 + 0.315(1 - z/h)^6)^{2/3} \quad (2.19)$$

这里的 z 是离地面的高度，h 是边界层的高度：

$$h = u^*/(6f) \quad (2.20a)$$

$$f = 2\Omega\sin(|\lambda|) \quad (2.20b)$$

$$u^* = (0.4U - 34.5fz)/\ln(z/z_0) \quad (2.20c)$$

这里的 Ω 是地球自转的角速度，取为 7.2722×10^{-5}rad/s；λ 为纬度；z_0 为地表粗糙度。

与纵向分量自相关谱密度函数对应的相干系数为

$$C_u(\Delta r, n) = 0.994\left(A_{5/6}(\eta_u) - \frac{1}{2}\eta_u^{5/3}A_{1/6}(\eta_u)\right) \quad (2.21)$$

其中，$A_j(x) = x^jK_j(x)$，K 是一个分数阶的第二类修正贝塞尔（Bessel）函数，η_u 是两个风速模拟节点之间距离和频率的函数。

$$\eta_u = \sqrt{\left(\frac{0.747\Delta r}{2L_u}\right)^2 + \left(\frac{2\pi n\Delta r}{U}\right)^2} \quad (2.22)$$

定义 $L_u(\Delta r, n)$ 为局部长度刻度

$$L_u(\Delta r, n) = \sqrt{\frac{(^yL_u\Delta y)^2 + (^zL_u\Delta z)^2}{\Delta y^2 + \Delta z^2}} \quad (2.23)$$

其中，Δy 和 Δz 为两个节点之间距离 Δr 的侧向和竖直分量；^yL_u 和 ^zL_u 是纵向湍流分量的侧向和竖直长度刻度。

$$c = \max\left(1.0, \frac{1.6(\Delta r/2L_u)^{0.13}}{\eta_0^b}\right) \quad (2.24)$$

$$b = 0.35(\Delta r / 2L_u)^{0.2}$$

$$\eta_0 = \sqrt{\left(\frac{0.747\Delta r}{2L_u}\right)^2 + \left(\frac{2\pi n\Delta r}{U}\right)^2} \tag{2.25}$$

类似地，侧向和垂向湍流分量的相干系数为

$$C_i(\Delta r, n) = \frac{0.597}{2.869\gamma_i^2 - 1}(4.781\gamma_i^2 A_{5/6}(\eta_i) - A_{11/6}(\eta_i)) \tag{2.26}$$

$$\eta_i = 0.747\frac{\Delta r}{L_i(\Delta r, n)}\sqrt{1 + 70.8\left(\frac{nL_i(\Delta r, n)}{U}\right)^2} \tag{2.27}$$

$$\gamma_i = \frac{\eta_i 2L_i(\Delta r, n)}{\Delta r} \tag{2.28}$$

其中，γ_i 是关于 η_i 和两个风速模拟节点距离的函数。下标 i 为 v 时，表示侧向湍流分量，其局部长度刻度为

$$L_v(\Delta r, n) = \sqrt{\frac{({}^y L_v \Delta y / 2)^2 + ({}^z L_v \Delta z)^2}{\Delta y^2 + \Delta z^2}} \tag{2.29}$$

当下标 i 为 w 时，表示垂向湍流分量，其局部长度刻度为

$$L_w(\Delta r, n) = \sqrt{\frac{({}^y L_w \Delta y)^2 + ({}^z L_w \Delta z / 2)^2}{\Delta y^2 + \Delta z^2}} \tag{2.30}$$

根据湍流理论，三个湍流分量在三个方向上的湍流长度尺度为

$$^x L_u = \frac{A^{1.5}(\sigma_u / u^*)^3 z}{2.5K_z^{1.5}(1 - z / h)^2(1 + 5.75z / h)} \tag{2.31}$$

$$^y L_u = 0.5\,^x L_u(1 - 0.46\exp(-35(z / h)^{1.7})) \tag{2.32a}$$

$$^z L_u = 0.5\,^x L_u(1 - 0.68\exp(-35(z / h)^{1.7})) \tag{2.32b}$$

$$^x L_w = 0.5\,^x L_u(\sigma_w / \sigma_u)^3 \tag{2.32c}$$

$$^x L_v = 0.5\,^x L_u(\sigma_v / \sigma_u)^3 \tag{2.32d}$$

$$^y L_v = 2\,^y L_u(\sigma_v / \sigma_u)^3 \tag{2.32e}$$

$$^z L_v = \,^z L_u(\sigma_v / \sigma_u)^3 \tag{2.32f}$$

$$^y L_w = \,^y L_u(\sigma_w / \sigma_u)^3 \tag{2.32g}$$

$$^z L_w = 2\,^z L_u(\sigma_w / \sigma_u)^3 \tag{2.32h}$$

其中的参数定义如下：

$$K_z = 0.19 - (0.19 - K_0)\exp(-B(z / h)^N) \tag{2.33}$$

$$K_0 = 0.39 / R^{0.11} \tag{2.34}$$

$$B = 24R^{0.155} \tag{2.35}$$

$$N = 1.24R^{0.008} \tag{2.36}$$

$$R = \frac{u^*}{fz_0} \tag{2.37}$$

湍流三个分量的湍流强度如下。

纵向湍流强度：

$$I_u = \sigma_u / \bar{U}_0 \tag{2.38}$$

侧向湍流强度：

$$I_v = I_u\left(1 - 0.22\cos^4\left(\frac{\pi z}{2h}\right)\right) \tag{2.39}$$

垂向湍流强度：

$$I_w = I_u\left(1 - 0.45\cos^4\left(\frac{\pi z}{2h}\right)\right) \tag{2.40}$$

其中纵向湍流分量的标准差 σ_u 为

$$\sigma_u = \frac{7.5\eta(0.538 + 0.09\ln(z/z_0))^p u^*}{1 + 0.156\ln(u^*/fz_0)} \tag{2.41}$$

$$\eta = 1 - 6fz/u^* \tag{2.42}$$

$$p = \eta^{16} \tag{2.43}$$

根据式（2.11）～式（2.43），借助 MATLAB/Simulink 建立三维湍流风速修正 von Karman 谱模型。该模型可以根据输入的平均风速、参考点高度、地表粗糙度、地球自转速度和纬度等信息，计算得到边界层中的 von Karman 谱模型的各项参数，这为下面的三维湍流时序建立打下了基础。

给定轮毂处的平均风速 $\bar{U}_{hub} = 12\text{m/s}$，轮毂高度 $H_{hub} = 65\text{m}$，地表粗糙度 $z_0 = 0.1\text{m}$，地球转速 $\omega_E = 7.3 \times 10^{-5}\text{rad/s}$，纬度 $\lambda = 50°$时，计算得到风场湍流长度尺度 ^xL_i、^yL_i、^zL_i 和风速波动标准差 σ_i 如表 2.1 所示。

表 2.1　风场湍流标准差和长度尺度

参数	纵向分量 $i=u$	侧向分量 $i=v$	垂向分量 $i=w$
σ_i	2.276	1.785	1.272
^xL_i	299.5	72.22	26.11
^yL_i	99.55	96.03	17.36
^zL_i	75.55	36.44	26.35

纵向、侧向和垂向湍流分量规格化自相关谱密度曲线如图 2.3 所示。

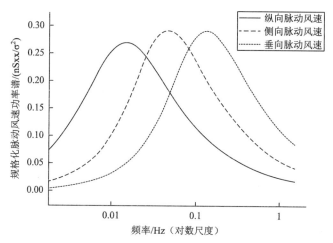

图 2.3　规格化三维风场脉动风速自相关谱

2.1.3　Mann 湍流模型

自然界中常见的风速都是有平均剪切的湍流，它远比各向同性湍流复杂。由于剪切湍流的复杂性，很难用解析方法研究它们的脉动特性。工程中常用经验或半经验的雷诺盈利模型来计算。同时，作为理论的研究方法，常用直接数值求解 Navier-Stokes 方程或实验测量方法获得剪切湍流脉动风场，而直接数值求解 Navier-Stokes 方程或实验测量方法成本较高，无法用于风电企业研发中的整机载荷计算和分析当中。平均剪切在湍流生成中起主要作用，由它生成的湍流脉动是各向异性的。一般的复杂剪切湍流需要应用湍流模型来预测它的统计特性。

为了研究平均剪切在湍流生成中的基本特性，曼（Mann）设计了一种最简单的均匀剪切湍流。采用泰勒冷冻湍流假说，将时间序列视为"空间序列"来表示频率与波数的分散关系。Mann 湍流模型是均匀但非各向同性的剪切模型。该理论基于 von Karman 能量谱被一个均匀的平均风速切变快速扭曲。由此得到的谱张量和其相关函数为

$$\Phi_{ij}(k_1,k_2,k_3)=\Phi_{ji}^*(k_1,k_2,k_3)=\frac{1}{8\pi^3}\times\int_{-\infty}^{+\infty}\int_{-\infty}^{+\infty}\int_{-\infty}^{+\infty}R_{ij}(\delta_1,\delta_2,\delta_3)e^{-lk_1\delta_1}e^{-lk_2\delta_2}e^{-lk_3\delta_3}d\delta_1 d\delta_2 d\delta_3$$

（2.44）

$$R_{ij}(\delta_1,\delta_2,\delta_3)=\frac{1}{\sigma_{iso}^2}E(u_i(x_1,x_2,x_3)\times u_j(x_1+l\delta_1,x_2+l\delta_2,x_3+l\delta_3))\quad（2.45）$$

其中，u_1、u_2、u_3 分别为纵向、侧向和垂向的速度分量；δ_1、δ_2、δ_3 分别为无量纲的空间分布矢量分量；k_1、k_2、k_3 分别为三个分量方向上的无量纲空间波数；$k=\sqrt{k_1^2+k_2^2+k_3^2}$ 为无量纲的波数矢量幅值；未被剪切的方差参数 $\sigma_{iso}^2=0.55\sigma_1$ 和长度尺度 $l=0.8\Lambda_1$。

$$\Phi_{11}(k_1,k_2,k_3) = \frac{E(k_0)}{4\pi k_0^4}(k_0^2 - k_1^2 - 2k_1(k_3 + \beta(k)k_1)\zeta_1 \qquad (2.46)$$
$$+ (k_1^2 + k_2^2)\zeta_1^2)$$

$$\Phi_{12}(k_1,k_2,k_3) = \frac{E(k_0)}{4\pi k_0^4}(k_0^2 - k_1^2 - 2k_1(k_3 + \beta(k)k_1)\zeta_1 \qquad (2.47)$$
$$+ 2k_1(k_3 + \beta(k)k_1)\zeta_1 + (k_1^2 + k_2^2)\zeta_1^2)$$

$$\Phi_{13}(k_1,k_2,k_3) = \frac{E(k_0)}{4\pi k_0^4 k^2}(-k_1(k_3 + \beta(k)k_1) + (k_1^2 + k_2^2)\zeta_1) \qquad (2.48)$$

$$\Phi_{22}(k_1,k_2,k_3) = \frac{E(k_0)}{4\pi k_0^4}(k_0^2 - k_2^2 - 2k_2(k_3 + \beta(k)k_1)\zeta_2 \qquad (2.49)$$
$$+ (k_1^2 + k_2^2)\zeta_2^2)$$

$$\Phi_{23}(k_1,k_2,k_3) = \frac{E(k_0)}{4\pi k_0^2 k^2}(-k_2(k_3 + \beta(k)k_1) + (k_1^2 + k_2^2)\zeta_2) \qquad (2.50)$$

$$\Phi_{33}(k_1,k_2,k_3) = \frac{E(k_0)}{4\pi k_0^4}(k_1^2 + k_2^2) \qquad (2.51)$$

其中

$$\zeta_1 = C_1 - \frac{k_2}{k_1}C_2, \quad \zeta_2 = \frac{k_2}{k_1}C_1 + C_2$$

$$C_1 = \frac{\beta(k)k_1^2(k_1^2 + k_2^2 - k_3(k_3 + \beta(k)k_1))}{k^2(k_1^2 + k_2^2)}$$

$$C_2 = \frac{k_2^2 k_0^2}{(k_1^2 + k_2^2)^{\frac{3}{2}}}\arctan\left(\frac{\beta(k)k_1\sqrt{k_1^2 + k_2^2}}{k_0^2 - (k_3 + \beta(k)k_1)\beta(k)}\right)$$

$$E(k) = \frac{1.453k^4}{(1+k^2)^{\frac{17}{6}}}$$

$\beta(k) = \dfrac{\gamma}{k^{\frac{2}{3}}\sqrt{{}_2F_1\left(\frac{1}{3},\frac{17}{6},\frac{4}{3},-k^{-2}\right)}}$ 为无量纲的扭曲时间，与 $\sqrt{k^2\int_k^\infty E(p)\mathrm{d}p}$ 成反

比；${}_2F_1$ 为超几何函数；γ 为无量纲的切变扭曲参数，$\gamma = 3.9$；$k_0 = \sqrt{k^2 + 2\beta(k)k_1k_3 + (\beta(k)k_1)^2}$ 为切变扭曲前的幅值。由此得到谱张量的各分量。

假设由该模型生成的随机速度场以轮毂高度处的风速通过风力机进行对流传递，在某点观测的速度分量谱可通过积分谱张量的分量来计算。特别给出无量纲的单边谱：

$$\frac{fS_i(f)}{\sigma_i^2} = \frac{\sigma_{\mathrm{iso}}^2}{\sigma_i^2}\left(\frac{4\pi lf}{V_{\mathrm{hub}}}\right)\Psi_{ij}\left(\frac{2\pi lf}{V_{\mathrm{hub}}}\right) \tag{2.52}$$

其中，$\Psi_{ij}(k) = \int_{-\infty}^{+\infty}\int_{-\infty}^{+\infty}\Phi_{ij}(k_1,k_2,k_3)\mathrm{d}k_2\mathrm{d}k_3$ 为一维波数自谱（当 $i=j$）或互谱（$i\neq j$）；$\sigma_i^2 = \sigma_{\mathrm{iso}}^2\int_{-\infty}^{+\infty}\int_{-\infty}^{+\infty}\int_{-\infty}^{+\infty}\Phi_{ii}(k_1,k_2,k_3)\mathrm{d}k_1\mathrm{d}k_2\mathrm{d}k_3$ 为分量方差；同样地，垂直于纵向方向的空间分布的相关性由以下公式给出：

$$\mathrm{Coh}_{ij}(f,l\delta_2,l\delta_3) = \frac{\left|\int_{-\infty}^{+\infty}\int_{-\infty}^{+\infty}\Phi_{ij}\left(\frac{2\pi lf}{V_{\mathrm{hub}}},k_2,k_3\right)\mathrm{e}^{-\mathrm{i}k_2\delta_2}\mathrm{e}^{-\mathrm{i}k_3\delta_3}\mathrm{d}k_2\mathrm{d}k_3\right|}{\sqrt{\Psi_{ii}\left(\frac{2\pi lf}{V_{\mathrm{hub}}}\right)\overline{\Psi_{jj}\left(\frac{2\pi lf}{V_{\mathrm{hub}}}\right)}}} \tag{2.53}$$

对于三维湍流风速模拟，速度分量由谱张量的分解和离散傅里叶变换的近似来确定。这样三维空间域可分成等间隔的离散点，每个点处的速度矢量由以下公式给出：

$$\begin{bmatrix} u_1(x,y,z) \\ u_2(x,y,z) \\ u_3(x,y,z) \end{bmatrix} = \sum_{k_1,k_2,k_3}\mathrm{e}^{\mathrm{i}\frac{xk_1+yk_2+zk_3}{l}}\times[C(k_1,k_2,k_3)]\begin{bmatrix} n_1(k_1,k_2,k_3) \\ n_2(k_1,k_2,k_3) \\ n_3(k_1,k_2,k_3) \end{bmatrix} \tag{2.54}$$

$$[C(k_1,k_2,k_3)] \approx \sigma_{\mathrm{iso}}\sqrt{\frac{2\pi^2 l^3 E(k_0)}{N_1 N_2 N_3 \Delta^3 k_0^4}}\times\begin{bmatrix} k_2\zeta_1 & k_3-k_1\delta_1+\beta k_1 & -k_2 \\ k_2\zeta_2-k_3-\beta k_1 & -k_1\delta_2 & k_1 \\ \dfrac{k_0^2 k_2}{k^2} & -\dfrac{k_0^2 k_1}{k^2} & 0 \end{bmatrix} \tag{2.55}$$

其中，u_1、u_2、u_3 为复向量分量；n_1、n_2、n_3 为复高斯随机量，其对每个不同的波数是独立的，且具有单位权方差的实部和虚部；x、y、z 为空间网格点坐标；N_1、N_2、N_3 为三个方向上的空间网格点的数量；Δ 为空间网格分辨率；在这个表达式中，符号 $\sum$ 表示对网格中所有无量纲的波数求和，利用快速傅里叶变换（Fast Fourier Transform，FFT）方法可完成计算。

2.1.4　仿真分析与结果比较

借助 MATLAB/Simulink 建立海上风场总体仿真模型，并在仿真子模型中建立三维湍流风速修正 von Karman 谱模型和 Mann 模型，可根据需要进行选择使用。其中修正 von Karman 谱模型需要输入的平均风速、参考点高度、地表粗糙度、地球自转速度和纬度等信息，计算得到边界层中的 von Karman 谱模型的各项参数，而 Mann 模型仅需要输入三个参数（因为 Mann 推荐剪切参数 γ 为 3.9）即 FFT 点数、尺度长度 L 以及最大侧向或垂向波长。本书分别采用修正的 von Karman 谱模型和 Mann 模型来模拟风轮上的风速时序数据。将风轮平面进行网格划分，如图 2.4 所示，网格上的每个节点为风速模拟点。

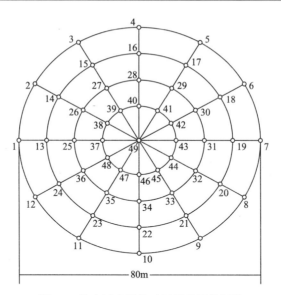

图 2.4　海上风力机脉动风场的网格划分

网格的中心节点（点 49）位于风轮的轮毂中心，网格的最大半径等于叶片的长度，因此该网格覆盖了整个风轮平面。风轮平面上的模拟点按叶片旋转通过的方位角位置等间距布置，共选择 12 个方位角位置，每个方位角位置的径向取 4 个节点，共 49 个节点，网格节点的编号和位置情况如图 2.4 所示。

各节点处湍流风速之间存在空间相关性，因此需要将脉动风速视为一个多变量多维的平稳随机过程，对应的风场特征谱矩阵为对称阵，如式（2.56）所示：

$$S(\omega) = \begin{bmatrix} S_{11}(\omega) & S_{12}(\omega) & \cdots & S_{1N_p}(\omega) \\ S_{21}(\omega) & S_{22}(\omega) & \cdots & S_{2N_p}(\omega) \\ \vdots & \vdots & & \vdots \\ S_{N_p1}(\omega) & S_{N_p2}(\omega) & \cdots & S_{N_pN_p}(\omega) \end{bmatrix} \qquad (2.56)$$

其中，N_p 是节点总数；对角线元素 $S_{jj}(\omega)$ 是节点 j 的湍流自相关谱；非对角线元素 $S_{jk}(\omega)$ 是节点 j 和节点 k 之间湍流的互相关谱，其计算公式为

$$S_{jk}^{(i)}(\omega) = \sqrt{S_{jj}^{(i)}(\omega)S_{kk}^{(i)}(\omega)}\mathrm{Coh}(\omega)\mathrm{e}^{-\mathrm{i}\omega\theta_{jk}} \qquad (2.57)$$

其中，$\mathrm{Coh}(\omega)$ 为相干系数，它反映两点的脉动风速变化的相互影响；θ_{jk} 为两节点间相位差；ω 为圆频率；上标 i 为 u、v 或者 w，分别表示纵向湍流分量、侧向湍流分量和垂向湍流分量。

本书采用 Shinozuka-Deodatis 谐波叠加方法，根据风场脉动风速的特征谱矩阵生成各节点处的固定点风速时序数据。指定上限截止频率 $n = 2.5\mathrm{Hz}$，频率等分数 $N = 512$，仿真步长 $\Delta t = 0.1469\mathrm{s}$，并假设三个方向的脉动风速变化相互独立，则可根据谐波叠加法生成风力机风轮平面上 49 个节点的脉动风速的时序数据，并

与平均风速叠加，即可得到对应外界条件和风速谱的风场风速时序数据。

按固定点风速谱，对风力机的 49 个模拟点的脉动风速进行模拟。总的风速时序曲线如图 2.5 所示。

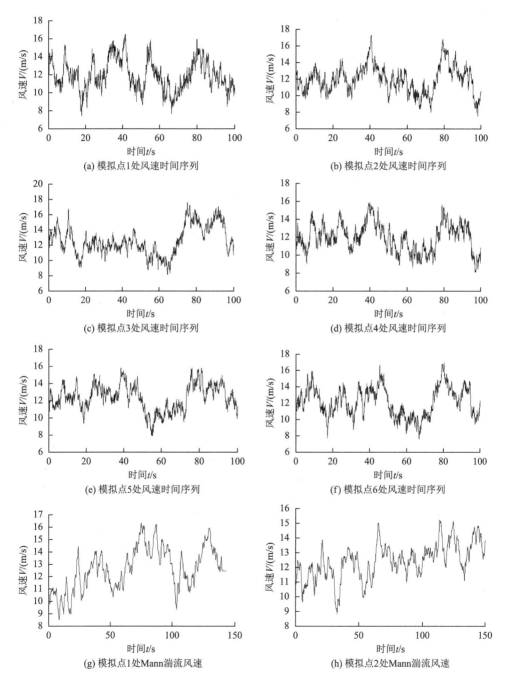

(a) 模拟点1处风速时间序列

(b) 模拟点2处风速时间序列

(c) 模拟点3处风速时间序列

(d) 模拟点4处风速时间序列

(e) 模拟点5处风速时间序列

(f) 模拟点6处风速时间序列

(g) 模拟点1处Mann湍流风速

(h) 模拟点2处Mann湍流风速

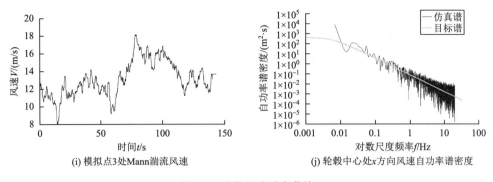

(i) 模拟点3处Mann湍流风速　　　　　　(j) 轮毂中心处x方向风速自功率谱密度

图 2.5　总的风速时序曲线

采用修正 von Karman 谱模型和 Mann 模型建立湍流时，可以根据需要，选择从三个分量的风速谱或一个分量的风速谱模拟脉动风速的时序数据，并与目标谱进行对比。

2.2　海上波浪特征

根据波的形状、高度、长度和传播速度，波浪本质上是不规则的和任意的。因此，表示海况的最佳方法是通过随机波浪模型。线性不规则波模型由不同幅值 T_p、频率 f 和方向的波浪分量叠加而成。相反，非线性波浪模型考虑了波浪分量之间的非线性相互作用。当波浪高度与水深相比不是很小时，考虑非线性波浪模型是必要的。相反，非线性波浪模型考虑了波浪分量之间的非线性相互作用。当波浪高度与水深相比不是很小时，考虑非线性波浪模型是必要的。波浪理论可用来描述波周期 T 与波长的关系，以及流体质点在水中的运动。

2.2.1　波浪理论及运动学

波浪运动学可以用多种方式表示。其中最简单的一种就是艾里（Airy）线性波理论。它适用于深水和浅水，但假定波高相对于波长和水深都很小。根据挪威船级社（Det Norske Veritas，DNV）的研究，水面高程 η 适用于规则波，其表达式为

$$\eta(x,y,t) = \frac{H}{2}\cos\Theta \qquad (2.58)$$

其中，$\Theta = k(x\cos\beta + y\sin\beta) - \omega t$，表示波的相位；$\beta$ 表示传播方向；H 为波高，如图 2.6 所示。波高等于正则波幅值 A 的两倍，$H = 2A$，k 为波数。根据相关定义，波高 H 在波浪周期中从最低一直到最高。周期 T 是相邻两个波峰经过零上切点之间的时间周期。

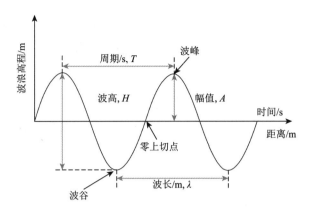

图 2.6　波浪描述

规则波的特征是以一定的波长 λ、周期 T 和高度 H 的永久形式传播。此外，色散关系还与波周期 T 和波长 λ 有关。式（2.59）给出了等深度 d 的色散关系：

$$\lambda = \frac{gT^2}{2\pi}\tanh\left(\frac{2\pi d}{\lambda}\right) \tag{2.59}$$

描述规则波运动学的其他理论有：斯托克斯（Stokes）理论（适用于高波，但不适用于特别浅水域）、流函数理论（适用于较宽的水深范围）、Boussinesq 高阶理论（适用于浅水）以及孤立波理论（适用于极浅水）。根据研究，当 $kH > \pi$ 时为深水区，$kH < \dfrac{\pi}{10}$ 为浅水区。为了计算不规则波的运动，可以对线性运动进行叠加。水面高程可由式（2.60）计算：

$$\eta(t) = \sum_{k=1}^{N} A_k \cos(\omega_k t + \varepsilon_k) \tag{2.60}$$

其中，ε_k 表示 0～2π 均匀分布的任意相位角；A_k 是具有相应角频率 ω_k 的随机幅值。

Airy 波浪理论和 Stokes 波浪理论提供了 $z = 0$ 以下的波浪运动形式。然而，要获得平均海平面以上的流体速度和加速度的预测，应采用适当的将运动剖面拉伸或外推到波面的方法。

运动拉伸是将线性 Airy 波浪理论进行推广来预测位于平均海平面上方的流体速度和加速度的过程。Wheeler 拉伸法是目前应用最为广泛的一种拉伸法。它解释了静水位处的流体速度比线性理论中的流体速度低这一事实。利用线性理论可以计算自由面上的速度，并且对时间序列中的每一个时间步长按下列方法对垂向坐标进行拉伸：

$$z = \frac{z_s - \eta}{1 + \eta/d} \tag{2.61}$$

其中，$-d < z < 0$ 且 $-d < z_s < \eta$；z_s 为拉伸的 z 坐标；η 为自由面高程；d 为平均水深。图 2.7 表示的是速度轮廓线的拉伸和外推草图。

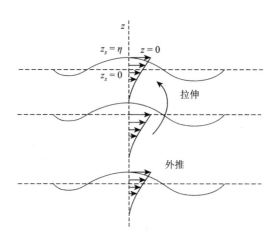

图 2.7　速度轮廓线的拉伸和外推草图

2.2.2　波浪表征

波浪可以用有义波高 H_s 和谱峰 T_p 来表示。根据挪威船级社规定，有义波高为四倍的海面高程标准差。然而，根据 IEC 61400-3 标准，如果海况只有一个很窄的波频带，则有义波高约等于零上切点波高度的最高 1/3 的平均值。它代表了波浪条件的强度和随机波高的波动。在很短的一段时间周期内，H_s 和 T_p 都可以假设为常数，这意味着波是稳定的。这段较短的时间周期可为 3～6h。在短期稳定条件下，任意波高 H 服从与 H_s 相关的概率分布。波周期 T 也服从概率分布，但这种分布是 H_s、T_p 和 H 的函数。另一个重要参数是波峰高度 H_c。它是两个连续的海面高程零上切点之间的最高峰。H_c 遵循与有义波高相关的概率分布。短期海况可以用波谱表示。$S(f)$ 是海面高程的功率谱密度，与 H_s 和 T_p 相关。波谱代表了不同频率下海面高程的能量分布。根据相关规范，海况应由波浪频谱和相应的波高、典型频率、平均传播方向以及传播函数来表示。

根据波浪统计数据可以建立特定地点的波谱，其中既要考虑风浪，也要考虑涌浪。风浪是由当地风直接产生的，而涌浪则是从产生风浪的地点传播过来的。涌浪与当地风况不相关，而最显著的波浪载荷是由风引起的波浪造成的。依据相关规范，除非有数据表明必须采用其他形式的波谱，否则 Jonswap 谱就可以用来表示合适的海况：

$$S(f) = \frac{\alpha g^2}{(2\pi)^4} f^{-5} \exp\left(-\frac{5}{4}\left(\frac{f}{f_p}\right)^{-4}\right) \gamma^{\exp\left(-0.5\left(\frac{f-f_p}{\sigma f_p}\right)^2\right)} \tag{2.62}$$

其中

$$\alpha = 5\left(\frac{H_s^2 f_p^4}{g^2}\right)(1 - 0.287\ln\gamma)\pi^4 \tag{2.63}$$

$f = 1/T$ 表示波浪频率；$f_p = 1/T_p$ 表示谱峰频率；g 为重力加速度；γ 为峰值增强因子，与有义波高和峰值周期有关。谱宽度参数 σ 的表达式为

$$\sigma = \begin{cases} 0.07, & f \leqslant f_p \\ 0.09, & f > f_p \end{cases} \tag{2.64}$$

当 $\gamma = 1$ 时，Jonswap 谱降为 Pierson-Moskowitz（PM）谱。在谱总能量相同的情况下，Jonswap 谱一般比 PM 谱有更高、更窄的峰值。

PM 谱和 Jonswap 谱都表示在最极端海况下常见的风浪条件。在图 2.8 中，具有不同 γ 值的 Jonswap 谱被表示为频率的函数。

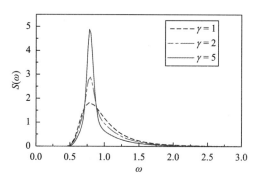

图 2.8　具有不同 γ 值的 Jonswap 谱（$H_s = 4\text{m}$，$T_p = 8\text{s}$）

2.3　波流相互作用模型

线性波浪理论可用于分析波浪对浮式风力机产生的水动力效应。然而，在早期使用线性化或准静态缆绳模型的研究中，没有考虑到波流间的相互作用对系泊缆绳的影响。波浪荷载对系泊系统会产生很大的影响，因为它改变了系泊缆绳的静态和动态响应以及阻尼响应，并会进一步产生静态偏差，对漂浮式平台的动态响应造成影响。现有的研究把波和海流的影响叠加在一起，但没有考虑它们之间的相互作用，而在实际中，波流之间的相互作用已经存在很久了，人们在实践中也观察到了它对海上风力机的显著影响。特别是在对近海定桩式风机的数值分析中，发现波流相互作用可对疲劳负载产生显著影响。

漂浮式风力机处于深海区域，系泊缆绳位于海面以下，此时波流间的相互作用对系泊系统的影响更大，并且漂浮式风力机在水平方向上的恢复刚度完全由系泊系统提供，而往往这个值很小。由于存在潜在的均匀海流，很多规则波流相互作用的应用模型都是基于 Airy 波浪理论的。该理论考虑了波频率的修正和波的色散关系，而对于不规则波，通常使用波谱模型来描述。Huang 等提出了一个模型，以解释波流对波谱的影响。随后对该模型进行了改进，以处理由相反或不利波流引起的波浪断裂的情况。这些分析模型已经通过实验验证，取得了良好的效果。

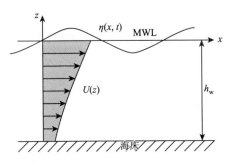

图 2.9　波流相互作用定义的坐标系

为了介绍波流相互作用模型，如图 2.9 所示定义了一个参考坐标系。需要注意的是，此处只考虑二维流动。坐标系的原点位于平均水位（Mean Water Level，MWL）上，x 轴和 z 轴分别指向水平方向和垂直方向。图中，$\eta(x,t)$ 为水面高度随时间 t 变化的函数，$U(z)$ 表示无波浪时水流速度剖面随水深变化的情况，静水深度用 h_w 来表示。

2.3.1　常规波流相互作用模型

对于在洋流上传播的小振幅波浪而言，产生的速度场可以由洋流和波浪产生的流量之和来表示：

$$u_T(x,z,t) = U(z) + u(z)\cos(\kappa x - \omega t) \tag{2.65}$$

$$w_T(x,z,t) = w(z)\sin(\kappa x - \omega t) \tag{2.66}$$

$$p_T(x,z,t) = -\rho g z + p(z)\cos(\kappa x - \omega t) \tag{2.67}$$

其中，ρ 表示水的密度；g 表示重力加速度；κ 和 ω 是波的波数和角频率，注意这里的 ω 是考虑了波流相互作用后的表现频率；$u_T(x,z,t)$ 和 $w_T(x,z,t)$ 表示水平和垂直方向上的总流速；p_T 表示总压力，这里的 $u_T(x,z,t)$、$w_T(x,z,t)$ 和 $p_T(x,z,t)$ 都是相对应波浪的一阶对应项。

在 Airy 波浪理论中，水面的高度 η 可以表示为

$$\eta(x,t) = A\cos(\kappa x - \omega t) \tag{2.68}$$

其中，A 表示表面波的振幅。

遵循经典无黏稳定性理论的 Rayleigh 方程，$w(z)$ 可以表示为

$$\frac{\mathrm{d}^2 w}{\mathrm{d}z^2} - \left(\kappa^2 - \frac{\kappa}{\omega - \kappa U}\frac{\mathrm{d}^2 U}{\mathrm{d}z^2}\right)w = 0 \tag{2.69}$$

在流域 z 满足 $-h_w < z < 0$ 时，边界条件为

$$w(z) = 0, \quad z = -h_w \tag{2.70}$$

$$\begin{cases} (\omega - \kappa U)^2 \dfrac{\mathrm{d}w}{\mathrm{d}z} + \kappa(\omega - \kappa U)w \dfrac{\mathrm{d}U}{\mathrm{d}z} - g\kappa^2 w = 0 \\ w(z) = A(\omega - \kappa U) \end{cases}, \quad z = 0 \tag{2.71}$$

一旦 $w(z)$ 被求解出来，速度 $u(z)$ 就可以从式（2.72）得到：

$$u(z) = \frac{1}{\kappa} \frac{\mathrm{d}w}{\mathrm{d}z} \tag{2.72}$$

如果相互作用速度剖面的二阶导数等于零，即 $\mathrm{d}^2 U(z) / \mathrm{d}z^2 = 0$，则可以求解出式（2.69）~式（2.71）定义的系统方程，解决方案如下：

$$u_T(x,z,t) = U(z) + A(\omega - \kappa U_0) \frac{\cosh(\kappa(z + h_w))}{\sinh(\kappa h_w)} \cos(\kappa x - \omega t) \tag{2.73}$$

$$w_T(x,z,t) = A(\omega - \kappa U_0) \frac{\sinh(\kappa(z + h_w))}{\sinh(\kappa h_w)} \sin(\kappa x - \omega t) \tag{2.74}$$

$$p_T(x,z,t) = -\rho g z + \frac{\rho A(\omega - \kappa U_0)}{\kappa \sinh(\kappa h_w)} \cos(\kappa x - \omega t)$$
$$\cdot \left((\omega - \kappa U(z)) \cosh(\kappa(z + h_w)) + \frac{\mathrm{d}U(z)}{\mathrm{d}z} \sinh(\kappa(z + h_w)) \right) \tag{2.75}$$

其中，U_0 是 $z = 0$ 处相互作用的速度。波数是由修正的色散关系确定的，这对于均匀和线性剪切相互作用都是有效的。在下面的方程中，忽略均匀的相互作用，因此，色散关系可以简化为

$$(\omega - \kappa U_0)^2 = \left(g\kappa - \left(\omega - \kappa U_0 \frac{\mathrm{d}U(z)}{\mathrm{d}z} \right) \right) \tanh(\kappa h_w) \tag{2.76}$$

$$(\omega - \kappa U)^2 = g\kappa \tanh(\kappa h_w) \tag{2.77}$$

用 $U = U_0$ 表示恒定相互作用速度。对于一般情况下，当相互作用随水深变化时，可以用数值方法求解式（2.69）~式（2.71）。

2.3.2 随机波流相互作用模型

不规则波的波谱表示和规则波相互作用模型的方程经常被用来生成随机波相互作用模型。作用在波谱上的相互作用可以表达为

$$S(\omega, U) = \frac{4S(\omega)}{\left(1 + \sqrt{1 + 4\omega U / g}\right)^2 \sqrt{1 + 4\omega U / g}} \tag{2.78}$$

其中，$S(\omega, U)$ 为考虑了相互作用影响的波谱；$S(\omega)$ 为没有考虑相互作用的波谱。需要注意的是，如果波在不利相互作用上运动，则上述方程仅对相互作用速度满

足 $1+4\omega U/g>0$ 的时候才有效。当 $\omega \to -g/4U$ 的时候，部分波的能量无法逆着相互作用传播。换句话说，波浪是在这个极限相互作用速度下发生的。为了解决这个问题，本节为深水定义了一个"平衡极限"：

$$S_{\mathrm{ER}}(\omega,U) = \frac{A^* g^2}{(\omega-\kappa U)^5} \frac{1}{1+2U(\omega-\kappa U)/g} \tag{2.79}$$

其中，下标 ER 是指平衡范围；A^* 表示一个数值常数，其值的范围为 $0.008 \sim 0.015$。前面的方程适用于当 $S_{\mathrm{ER}}(\omega,U)$ 小于 $S(\omega,U)$ 时来确定波谱的振幅。随后，可以确定由底层相互作用引起的流速和加速度对应的波谱变化。

根据波谱表示，水面高度随时间 t 变化的函数 $\eta(x,t)$ 为

$$\eta(x,t) = \sum_{j=1}^{N} A_j \cos(\kappa_j x - \omega_j t + \Phi_j) \tag{2.80}$$

当下标 j 的变量对应于第 j 个波分量的性质时，Φ_j 被引入式（2.80）中，其为均匀分布在 $0 \sim 2\pi$ 的随机相角；N 表示波分量的数目；第 j 个波分量的振幅为 $A_j = \sqrt{2S(\omega_j,U)\Delta\omega}$，并且以 $\Delta\omega$ 为频率间隔。相应的流速和压力为

$$u_T(x,z,t) = U(z) + \sum_{j=1}^{N} A_j(\omega_j - \kappa_j U)\frac{\cosh(\kappa_j(z+h_{\mathrm{w}}))}{\sinh(\kappa_j h_{\mathrm{w}})}\cos(\kappa_j x - \omega_j t + \Phi_j) \tag{2.81}$$

$$w_T(x,z,t) = \sum_{j=1}^{N} A_j(\omega_j - \kappa_j U)\frac{\sinh(\kappa_j(z+h_{\mathrm{w}}))}{\sinh(\kappa_j h_{\mathrm{w}})}\sin(\kappa_j x - \omega_j t + \Phi_j) \tag{2.82}$$

$$p_T(x,z,t) = -\rho g z + \sum_{j=1}^{N} \frac{\rho A_j(\omega_j - \kappa_j U)\cosh(\kappa_j(z+h_{\mathrm{w}}))}{\kappa_j \sinh(\kappa_j h_{\mathrm{w}})}\cos(k_j x - \omega_j t + \Phi_j) \tag{2.83}$$

加速度可以从式（2.79）和式（2.80）中得到，具体如下：

$$\dot{u}_T(x,z,t) = \sum_{j=1}^{N} A_j \omega_j(\omega_j - \kappa_j U)\frac{\cosh(\kappa_j(z+h_{\mathrm{w}}))}{\sinh(\kappa_j h_{\mathrm{w}})}\sin(\kappa_j x - \omega_j t + \Phi_j) \tag{2.84}$$

$$\dot{w}_T(x,z,t) = -\sum_{j=1}^{N} A_j \omega_j(\omega_j - \kappa_j U)\frac{\sinh(\kappa_j(z+h_{\mathrm{w}}))}{\sinh(\kappa_j h_{\mathrm{w}})}\cos(\kappa_j x - \omega_j t + \Phi_j) \tag{2.85}$$

其中，波数 κ_j 由式（2.76）求解每个波分量得到。

2.4　载荷工况分析

载荷工况分析包括验证在一系列设计的载荷工况（Design Load Cases，DLC）下风力机的结构完整性，以及结构元件的强度极限和疲劳载荷应通过的计算或试验验证，主要是分析海上风力机的零部件载荷，如叶片、机舱和塔筒载荷等。载荷工况包含正常风况、海况、极端风况和海况下同时伴有故障发生的工况。在进行载荷分析时，需要按照国际标准如 DNVGL-ST-0437 或者 IEC61400-3 等规范来

进行。以上规范都是为海上风力机设计，虽然都结合了各种环境条件，提供了许多建议的设计荷载工况，但对漂浮式风力机的具体设计载荷工况没有进行标准制定。2018 年 DNV 已发布针对漂浮式风力发电机结构设计的修订标准 DNV GL-ST-0119，以及针对漂浮式风力发电机认证的全新指南 DNV GL-SE-0422。本章将结合 DNV GL-ST-0119 标准对漂浮式风力机设计载荷工况进行分析。DNV GL-ST-0119 标准在 DNV GL-ST-0437 标准（详见附录）的基础上进行了修改与增添，本章将对新增或修改的设计载荷工况进行讨论，如表 2.2 所示。其中，NTM（Normal Turbulence Model）表示正常湍流模型工况，NSS 表示正常海况（Normal Sea State），NCM 表示正常海流模型工况（Normal Current Model），EWM（Extreme Wind Speed Model）表示极端风速模型工况，ESS 表示极端海况（Extreme Sea State），ECM（Extreme Current Model）表示极端海流模型工况，EWLR（Extreme Water Length Range）表示极端水位范围。

表 2.2　海上风机设计载荷工况

设计情形	DLC	风况	海况	风和波浪方向	海流	海平面
正常发电加故障发生	2.6	NTM	NSS	多方向错位	NCM	MSL
	2.7	NTM	NSS			
	2.8	NTM	NSS			
停车加故障	7.3	EWM（湍流）$U_{hub} = U_{1year}$	ESS $H_s = H_{s,1year}$	多方向错位	ECM（1 年）	EWLR（1 年）
	7.4	EWM（湍流）$U_{hub} = U_{1year}$	ESS $H_s = H_{s,1year}$			
	7.5	EWM（湍流）$U_{hub} = U_{1year}$	ESS $H_s = H_{s,1year}$			
正常停机	4.3	NTM	SSS 或触发控制器安全极限的最恶劣条件	多方向错位	NCM	MSL

第3章　漂浮式风电机组系统动力学

海上风电机组的运行过程是一个多物理场、多因素相互耦合的过程，涉及风场风速特性、空气动力学、波浪力学、结构动力学、发电机以及控制等因素。对于大功率海上风力发电机组，其系统动力学特性包括风场的动态特性、风轮的空气动力学特性、支撑结构的波浪动力学特性、风力机结构动力学特性以及电机特性等，它是决定其运动特性和载荷特性的重要因素之一，建立合理而正确的海上风力发电机组系统动力学模型，不但有助于研究风力发电机组内在的动态特性，同时也为海上风电机组整机系统设计打下了坚实的基础。

3.1　漂浮式风力机空气动力学

海上风电机组系统动力学模型主要研究的是风力发电机组的动态特性，因此相对于以研究风力发电机组能量捕获为目的的"功率模型"，人们更关心风速的短时变化规律。特别是由湍流风而产生极限载荷和疲劳载荷，对海上风机性能与可靠性至关重要。而海上风场数据往往需要测试来收集，但无论采用在海面上树立固定测风塔测风，还是选用漂浮式测风设备，不仅周期长，而且成本过高。因此通过对测试数据分析，建立海上风场以及湍流风预测模型就显得非常必要。

3.1.1　叶素动量理论模型

目前最普遍使用的风力机空气动力学计算理论是叶素动量理论。该理论是由贝茨（Betz）和格劳特（Glauert）于1935年提出的。BEM理论是一种静态理论，它由两部分组成：描述通过叶素的气流动量变化的动量理论和描述叶素上所受气动载荷的叶素理论。

1. 动量模型

假设在稳态气流中，气流与外界没有能量交换，那么根据伯努利（Bernoulli）方程可知，气流总的能量（包括动能、静压强和势能）保持不变，根据 Bernoulli 方程：

$$\frac{1}{2}\rho U^2 + p + \rho gh = \text{const} \tag{3.1}$$

其中，ρ 为空气密度；U 为风速；p 为静压强；h 为高度；g 为重力加速度。图 3.1 表示的是风轮流场示意图。

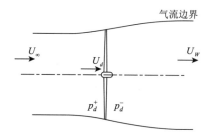

图 3.1　风轮流场示意图

若气流不可压缩且水平运动，那么建立风轮上风向和下风向的 Bernoulli 方程，两者相减，可以得到风轮前后表面的压力差：

$$(p_d^+ - p_d^-) = \frac{1}{2}\rho(U_\infty^2 - U_W^2) \qquad (3.2)$$

其中，p_d^+ 和 p_d^- 分别为风轮上风面和下风面的压力；U_∞ 和 U_W 分别为上风向远处的风速和下风向远处尾流速度。

单位时间内的气流通过风轮的轴向动量变化 M_a 可以表示为

$$M_a = (U_\infty - U_W)\rho A_d U_d \qquad (3.3)$$

其中，A_d 是风轮在气流速度垂直方向上的投影面积；U_d 是气流在风轮面处的速度，由于气流在通过风轮面时做功会损失一部分动能，因此小于 U_∞，它们之间的关系为

$$U_d = U_\infty(1-a) \qquad (3.4)$$

其中，a 为轴向诱导因子。

由于通过风轮的气流与外界没有能量交换，因此气流的轴向动量变化仅由作用在风轮上的压力差引起：

$$(p_d^+ - p_d^-)A_d = (U_\infty - U_W)\rho A_d U_d \qquad (3.5)$$

将式（3.2）、式（3.3）代入式（3.4）整理化简得到

$$U_W = U_\infty(1-2a) \qquad (3.6)$$

因此，单位时间内气流通过风轮的轴向动量变化为

$$M_a = 2a(1-a)U_\infty^2 \rho A_d \qquad (3.7)$$

它等于作用在风轮面上的力 F，该力所做的功为 FU_d，它表示单位时间内，风轮从气流中捕获的能量，即功率：

$$FU_d = 2\rho A_d U_\infty^3 a(1-a)^2 \qquad (3.8)$$

定义风力机的功率系数为

$$C_p = FU_d \bigg/ \left(\frac{1}{2}\rho A_d U_\infty^3\right) \qquad (3.9)$$

定义风力机的推力系数为

$$C_T = F \bigg/ \left(\frac{1}{2}\rho A_d U_\infty^2\right) \qquad (3.10)$$

将式（3.4）代入式（3.9）和式（3.10），得到

$$C_p = 4a(1-a)^2 \qquad (3.11)$$

$$C_T = 4a(1-a) \tag{3.12}$$

对式（3.11）求 a 的导数，并令 $dC_p / da = 0$，可以得到风力机的理论最大功率系数（Betz 极限）：$C_{p_{\max}} = 16 / 27 = 0.593$，此时 $a = 1/3$。

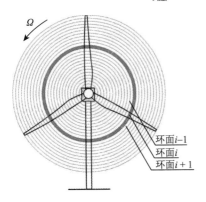

图 3.2　风轮平面叶素环面

Betz 将风轮视为一个理想圆盘，即不考虑叶片对流过风轮的气流的阻力，也不考虑叶片旋转对气流的动量影响，是一个纯粹的能量转换器，仅能给出风力机功率和效率的简单估计，而对实际的风力机设计帮助不大。因此，在风力机风轮气动分析与计算中，通常将风轮分解为无限多个微圆环，并假设各个微圆环之间相互独立，如图 3.2 所示。

单位时间内，气流在风轮半径 r 处的微圆环上所损失的轴向动量可以根据 Betz 理论中的式（3.7）计算得到：

$$\delta M_a = 2a(1-a)U_\infty^2 \rho \delta A_d = 2a(1-a)U_\infty^2 \rho 2\pi r \delta r$$
$$= 4\pi \rho U_\infty^2 a(1-a)r\delta r \tag{3.13}$$

其中，δr 为微圆环的径向长度；δA_d 为微圆环的面积，$\delta A_d = 2\pi r \delta r$。

当考虑叶片的旋转运动对气流运动的影响时，气流通过风轮后获得了旋转运动。它的速度与叶片速度平行且相反，可以用一个包含切向诱导因子 a' 的表达式表示。风轮上风向的气流没有旋转运动，气流通过风轮半径 r 处的微圆环后，获得旋转运动的切向速度为 $2\Omega r a'$，单位时间内，通过微圆环的气流的旋转运动的角动量变化等于作用在该微圆环上的力矩：

$$\delta Q = 4\pi \rho U_\infty a'(1-a)\Omega r^3 \delta r \tag{3.14}$$

此外，由于尾流旋转会引起风轮下风向压力的下降：

$$p_d = \frac{1}{2}\rho(2a'\Omega r)^2 \tag{3.15}$$

因此，可得到由于尾流旋转在微圆环上产生的附加轴向力为

$$F_d = \frac{1}{2}\rho(2a'\Omega r)^2 \delta A_d = \frac{1}{2}\rho(2a'\Omega r)^2 2\pi r \delta r \tag{3.16}$$

2. 叶素模型

根据 BEM 理论的假设，作用在叶素上的力可以采用叶片翼型的二维升阻力特征计算，而忽略叶片径向方向的速度分量产生的三维效应。叶素处的气流攻角由上风向风速 U_∞、诱导因子 a 和 a' 以及叶素随风轮转动速度共同决定。在确定攻

角之后，即可根据已知的翼型二维升阻力系数计算得到作用在叶素上的力，若将所有叶素所受的力累加，可以得到作用在叶片的总的气动载荷。

假设风力机组的风轮半径为 R，叶片弦长 c 和叶片结构扭角 β 随叶素在叶片上的位置不同而变化，当风轮旋转角速度为 Ω，上风向风速为 U_∞ 时，叶素上的速度组成的几何关系如图 3.3 所示。

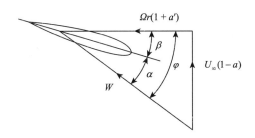

图 3.3　叶素气流速度几何关系

垂直于风轮旋转平面的风速分量为 $U_\infty(1-a)$，平行于风轮旋转平面的切向风速为 $\Omega ra'$，它与叶素转动速度 Ωr 方向相反，两者的和可以表示叶素的总的切向气流速度分量 $\Omega r(1+a')$，则叶素上总的入流速度 W 是垂直于风轮旋转平面的速度分量与平行于风轮旋转平面的切向气流速度分量的向量和，其大小为

$$W = \sqrt{U_\infty^2(1-a)^2 + \Omega^2 r^2(1+a')^2} \tag{3.17}$$

它与风轮旋转平面的夹角 φ 称为入流角：

$$\varphi = \arctan\frac{U_\infty(1-a)}{\Omega r(1+a')} \tag{3.18}$$

叶素的攻角 α 为入流角 φ 与叶素结构扭角 β 之差：

$$\alpha = \varphi - \beta \tag{3.19}$$

根据攻角 α 可以通过差值查表的方式得到叶素翼型的升阻力系数 C_l 和 C_d，如局部叶素坐标系所示（图 3.4）。

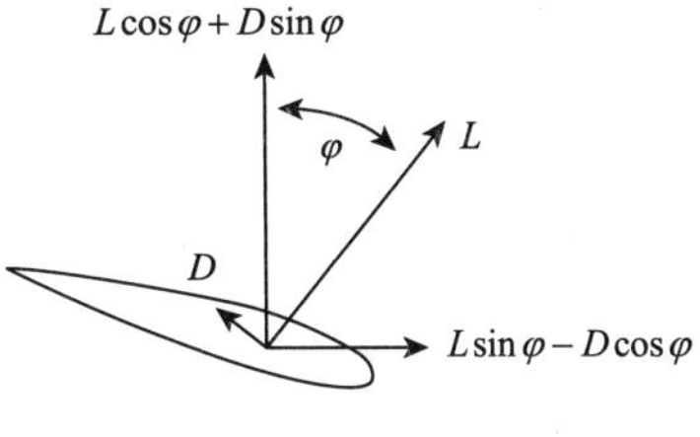

作用在叶素上的升力与 W 垂直：

$$\delta L = \frac{1}{2}\rho W^2 c C_l \delta r \tag{3.20}$$

图 3.4　叶素受力几何关系

作用在叶素上的阻力与 W 平行：

$$\delta D = \frac{1}{2}\rho W^2 c C_d \delta r \tag{3.21}$$

其中，c 是叶素的弦长。

根据 BEM 理论的假设，作用在叶素上的力与通过该叶素的气流产生动量变

化相平衡。由于式（3.13）和式（3.14）建立的通过微圆环的气流轴向动量变化和角动量变化的方向分别是垂直和平行于风轮旋转平面，因此需要将局部叶素坐标系中的气动力分量式（3.20）和式（3.21）向这两个方向分解。垂直于风轮旋转平面的气动力分量为

$$\delta L\cos\varphi + \delta D\sin\varphi = \frac{N}{2}\rho W^2 c(C_l\cos\varphi + C_d\sin\varphi)\delta r \qquad (3.22)$$

其中，N 为叶片的个数。

它应该等于气流轴向动量变化式（3.13）和由尾流旋转引起的压力下降式（3.16）之和：

$$\frac{W^2}{U_\infty^2}N\frac{c}{R}(C_l\cos\varphi + C_d\sin\varphi) = 8\pi(a(1-a) + (a'\lambda\mu)^2)\mu \qquad (3.23)$$

其中，λ 为叶尖速比，$\lambda = \Omega R/U_\infty$；$\mu$ 是叶素的规格化半径，$\mu = r/R$。

叶素上的气动力引起的单位扭矩为

$$(\delta L\sin\varphi - \delta D\cos\varphi)r = \frac{N}{2}\rho W^2 c(C_l\sin\varphi - C_d\cos\varphi)r\delta r \qquad (3.24)$$

它应该等于微圆环上的气流的角动量变化式（3.14）：

$$\frac{W^2}{U_\infty^2}N\frac{c}{R}(C_l\sin\varphi - C_d\cos\varphi) = 8\pi\lambda\mu^2 a'(1-a) \qquad (3.25)$$

令

$$\begin{cases} C_l\cos\varphi + C_d\sin\varphi = C_x \\ C_l\sin\varphi - C_d\cos\varphi = C_y \end{cases} \qquad (3.26)$$

其中，C_x 为法向力系数；C_y 为切向力系数。则式（3.23）和式（3.25）可改写为

$$\frac{a}{1-a} = \frac{\sigma_r}{4\sin^2\varphi}\left(C_x - \frac{\sigma_r}{4\sin^2\varphi}C_y^2\right) \qquad (3.27)$$

$$\frac{a'}{1+a'} = \frac{\sigma_r C_y}{4\sin\varphi\cos\varphi} \qquad (3.28)$$

其中，σ_r 为弦长实度：

$$\sigma_r = \frac{N}{2\pi}\frac{c}{r} = \frac{N}{2\pi\mu}\frac{c}{R} \qquad (3.29)$$

式（3.27）和式（3.28）就是 BEM 理论的主控方程组。根据这两个方程可以求出来流风速 U_∞ 下，风轮盘环面上的轴向诱导因子 a 和切向诱导因子 a'，然后根据式（3.19）求出叶素的攻角，以此确定作用在叶素上的气动力，最后在整个风轮盘上积分，可以得到作用在风轮盘上的气动力。

求解式（3.27）和式（3.28）组成的方程组是一个反复迭代的过程，先假定 a 和 a' 的初值，代入式（3.18）求得入流角 φ，利用式（3.19）得到叶素处的气动攻

角 α，根据式（3.26）求得叶素的 C_x 和 C_y，然后根据主控方程组计算得到新的 a 和 a' 值，如果两次迭代得到的 a 和 a' 值之差的绝对值小于设定的误差值，则计算完成；否则重新进行迭代。

3.1.2　固定尾迹气动理论模型

1. 定常条件下的涡流柱面模型

计算机技术和计算流体力学的发展以及三维流场动态测试技术的进步，为水平轴风力机研究水平的提高提供了有利条件。风力机的尾迹结构，尤其是近尾迹区诱导速度场的分布，最终表征着作用在风轮叶片上的气动载荷。因此，风轮尾迹的流动分析一直是风力机风轮空气动力学领域的重要研究工作。越来越多的研究表明，风力机尾迹流动对风力机的设计和性能预估有着不可忽略的影响。本节将全面系统地研究介绍水平轴风力机尾迹发生、发展、湮灭的规律，得出风轮流场尾迹区速度分布，分析风轮的空气动力学特性。在此基础上，针对水平轴风力机风轮的偏航特性、失速延迟特性、动态失速特性等关键气动问题进行数值模拟研究。最后，采用涡流理论，建立风力机叶片气动载荷的预估模型，研究成果对于提高水平轴风力机空气动力学设计水平具有重要的学术意义及工程应用价值。

气流通过风轮盘时，圆盘所受转矩与作用在空气上的转矩是一对大小相等、方向相反的转矩。反转矩作用的结果会导致空气逆着风轮转向旋转，从而获得角动量，使风轮圆盘尾流的空气微粒在旋转面的切线方向和轴向都获得速度分量。

现行的水平轴风力机风轮特性计算方法大都建立在库塔-茹科夫斯基建立的气动旋涡模型。根据此模型，水平轴风力机风轮的尾流可以看成由复杂旋涡系统组成的。该旋涡系统由三部分组成：位于风轮轴线上的中心涡、沿叶片轴线的变环量附着涡以及从叶片尾缘与叶尖脱落的螺旋状自由涡层，其物理模型如图 3.5 及图 3.6 所示。涡量强度 $\gamma = \mathrm{d}\varGamma / \mathrm{d}n$，$n$ 为 $\Delta\varGamma$ 的法线方向。

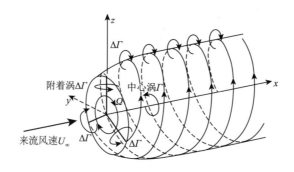

图 3.5　三叶片风轮形成的气动旋涡模型图

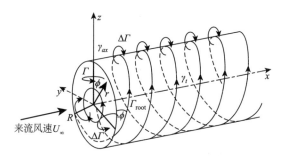

图 3.6　忽略尾流膨胀的涡流尾流图

根据毕奥-萨伐尔定律，可以得到轴向诱导速度为

$$u_i(x,\phi_r) = \frac{1}{4\pi} \int_0^\infty \int_0^{2\pi} \frac{\gamma_t(x)(R - r\cos\phi_r)}{\left(x^2 + R^2 + r^2 - 2r\cos\phi_r\right)^{\frac{3}{2}}} R \mathrm{d}\phi_r \mathrm{d}x \qquad (3.30)$$

其中，γ_t 为圆柱层上的切向涡流密度；ϕ_r 为方位角；r 为叶片长度；x 为沿着圆柱轴向坐标。

当切向涡流密度 γ_t 为常数时，在圆柱起始面处即 $x=0$，轴向诱导速度为

$$u_i(r) = \frac{\gamma_t}{2} \qquad (3.31)$$

根据动量守恒定律，在无穷远处 $x = +\infty$ 时，可得到如下关系式：

$$u_i(x = +\infty, r) = \gamma_t = 2u_i(x = 0, r) \qquad (3.32)$$

由式（3.32）可知，在尾流远端，圆柱尾流内的轴向诱导速度是均匀的，其结果与动量理论结果相同，证明了该涡柱的正确性。

在圆柱层处，叶尖涡产生切向诱导速度：

$$u'_{i,\text{sheet}}(x,\phi_r) = -\frac{1}{4\pi} \int_0^\infty \int_0^{2\pi} \frac{\gamma_{ax}(x)(R\cos\phi_r - r) + x\gamma_t(x)\sin\phi_r}{\left(x^2 + R^2 + r^2 - 2r\cos\phi_r\right)^{\frac{3}{2}}} R \mathrm{d}\phi_r \mathrm{d}x \qquad (3.33)$$

其中，γ_{ax} 为轴向涡流密度。

在圆柱根部，根部涡产生的切向诱导速度：

$$u'_{i,\text{root}}(x,\phi_r) = -\frac{1}{4\pi r^2} \int_0^\infty \frac{\Gamma_{\text{root}}(x)}{\left(1 + x^2/r^2\right)^{\frac{3}{2}}} \mathrm{d}x \qquad (3.34)$$

其中，$\Gamma_{\text{root}}(x)$ 为根部涡环量。

若尾流传送速度为 V_{tr}，时间常数为 $\tau = t - \dfrac{x}{V_{tr}}$，将其代入式（3.30）中，可得

$$u_i(0,\phi_r,\tau) = \frac{1}{4\pi} \int_0^{2\pi} (R - r\cos\phi_r) R \mathrm{d}\phi_r \int_0^\infty \frac{\gamma_t(-V_{tr} - (t-\tau)\mathrm{d}V_{tr}/\mathrm{d}\tau)}{\left((t-\tau)^2 V_{tr}^2 + P^2\right)^{\frac{3}{2}}} \mathrm{d}\tau \qquad (3.35)$$

其中，$P^2 = x^2 + R^2 + r^2 + 2rR\cos\phi_r$。

同样，分别将尾流传送速度 V_{tr} 和时间常数 τ 代入式（3.33）和式（3.34）中，可得外层和根部切向诱导速度：

$$u'_{i,\text{sheet}}(0,\phi_r,\tau) =$$

$$\frac{1}{4\pi}\int_0^{2\pi}\int_t^{-\infty}\frac{\gamma_{ax}(\tau)(R-r\cos\phi_r)+(t-\tau)\gamma_t\sin\phi_r}{((t-\tau)^2V_{tr}^2+P^2)^{\frac{3}{2}}}(V_{tr}+(t-\tau)\mathrm{d}V_{tr}/\mathrm{d}\tau)R\mathrm{d}\phi_r\mathrm{d}\tau \quad (3.36)$$

$$u'_{i,\text{root}}(0,\phi_r,\tau)=\frac{1}{4\pi}\int_t^{-\infty}\frac{\varGamma_{\text{root}}(\tau)}{(1+(t-\tau)^2V_{tr}^2/r^2)^{\frac{3}{2}}}\left(V_{tr}+(t-r)\frac{\mathrm{d}V_{tr}}{\mathrm{d}\tau}\right)\mathrm{d}\tau \quad (3.37)$$

根据库塔-茹科夫斯基定理，轴向力涡线上可以近似为

$$\rho\varOmega r(1+a')\varGamma\mathrm{d}r \approx \rho\varOmega r\varGamma\mathrm{d}r \quad (3.38)$$

其中，单个叶片的附着涡环量为 $\varGamma$。结合式（3.38），可得

$$F_{ax}=\frac{1}{2}C_t\rho V_\infty^2\pi R^2=\frac{1}{2}\rho\varOmega R^2\varGamma B \quad (3.39)$$

$$\varGamma=\pi\frac{C_tV_\infty^2}{\varOmega B} \quad (3.40)$$

对于圆柱尾迹模型来说，根部涡环量 $\varGamma_{\text{root}}$ 等于所有叶片的涡强度：

$$\varGamma_{\text{root}}=B\varGamma \quad (3.41)$$

为了确定涡密度切向分量，脱落涡流 $\varGamma$ 充满在 $\mathrm{d}x$ 空间内，则下一个叶片通过时，尾涡的传递距离：

$$\mathrm{d}x=\frac{2\pi}{\varOmega B}V_{tr} \quad (3.42)$$

2. 偏航条件下的涡流柱面模型

当风向连续变化，而风轮的偏航系统由控制延迟和机械延迟导致风轮不能及时跟踪风向时，风轮在多数情况下会处于偏航状态，即风力机的风轮转轴和风向并不是平行的。当风轮转轴与稳定风向平行时，整个风轮圆盘上的诱导速度相同；当风轮偏离风向时，诱导速度将在方位角和径向发生变化。将动量守恒定律直接应用于偏航风轮的制动盘上是存在问题的。这是因为作用在风轮盘上并垂直于风轮盘平面的推力 F 使偏航风轮的尾流偏向一侧，所以总有一个分量垂直于气流方向。如图 3.7～图 3.9 分别是三叶片偏航风轮的气动旋涡模型图、无尾流膨胀的三叶片偏航风轮气动旋涡模型图以及涡流柱气动模型。

因此，作用在气流上的力与推力方向相反，使气流在逆风向和侧向被加速。尾流的中心线与风轮旋转轴存在一个比偏航角更大的尾流偏斜角 χ。将非偏航风轮的涡流理论用于尾流相对于转轴偏斜角 χ 的制动盘的条件为：假定在风轮盘上的环量在径向和方位上都是均匀的。由于尾流的膨胀对分析尾流相对于转轴偏斜角 χ 的工况非常复杂，因此将其忽略。

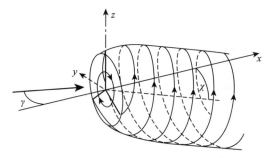

图 3.7　三叶片偏航风轮的气动旋涡模型图

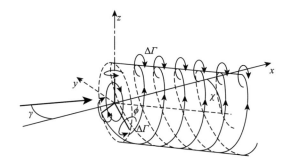

图 3.8　无尾流膨胀的三叶片偏航风轮气动旋涡模型图

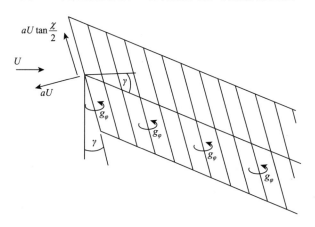

图 3.9　涡流柱气动模型图

在风轮盘上的速度分量定义了偏斜角为

$$\tan \chi = \frac{U_\infty \left(\sin \gamma - \alpha \tan \dfrac{\chi}{2} \right)}{U_\infty (\cos \gamma - \alpha)} = \frac{2 \tan \dfrac{\chi}{2}}{1 - \tan \dfrac{\chi^2}{2}} \tag{3.43}$$

将固定尾迹气动理论用于偏航条件下，仅需要对对称条件下的模型进行简单修改。其主要区别在于应用叶片效应，以及风轮上的涡流分布和扭曲的尾流几何。叶片上附着涡与轴对称条件下相同，然后该附着涡在叶尖位置由角度 α_s 分解成轴向分量和切向分量。切向分量扩散一定距离，此时涡流传输出去，直到下一个叶片转到此位置。轴向分量在叶片间扩散出去。由于不同叶片上附着涡的差异，叶尖涡的数值也不同，集中在根部的涡流等于叶片上所有附着涡强度的总和。

$$\alpha_s = \arctan \frac{V_\infty \cos(\phi_y) - u_i(\phi_{rb})}{\Omega R - V_\infty \sin(\phi_y)\cos(\phi_y)} \tag{3.44}$$

3.1.3　自由尾迹气动理论模型

1. 自由尾迹模型

在势流流场中，常用涡线代表下游涡结构。根据涡流理论，可以用连续直线涡线、弯曲涡线或者涡点等数学模型代替尾迹。因为直线涡线每段涡线所产生的诱导速度可以比较精确地计算，所以常用直线段涡线代替实际涡线。假定将拉格朗日标记点放置在各段涡线，这些标记点和关联速度将以局部速度在流场中对流到自由位置，采用不可压速度-涡纳维-斯托克斯方程描述这些涡线的流动情况，控制方程如下：

$$\frac{d\omega}{dt} = (\omega \cdot \nabla)V + v\Delta \cdot \omega \tag{3.45}$$

其中，左边是速度对时间的导数；右边第一项是涡线变形项，该项代表涡线长度以及速度方向变化；右边第二项是速度扩散项。

由于流体黏度的影响，和势流流场相比，黏性影响也仅限于非常小的尺度，所以整个流场可以假定为无黏流场。如果将流场看作无黏流场，则式（3.45）将改写为

$$\frac{d\omega}{dt} = (\omega \cdot \nabla)V \tag{3.46}$$

对于无黏不可压无旋流场，涡线上的元素与流体粒子一起运动。也就是说，涡线上的单元的位置量变化率等于其局部速度。根据这些假设，式（3.46）可以看作对流方程。对于该方程，涡假设为涡线上的有线点，奇点位于每个涡线的中间位置，则自由涡线上拉格朗日标记点的对流速度，也就是局部速度为

$$\frac{\partial r(\psi,\zeta)}{\partial t} = V(r(\psi,\zeta)) \tag{3.47}$$

$$V(r(\psi,\zeta)) = V_\infty + V_{\text{ind}}(r(\psi,\zeta)) \tag{3.48}$$

$$\frac{\partial r(\psi,\zeta)}{\partial \psi} + \frac{\partial r(\psi,\zeta)}{\partial \zeta} = \frac{1}{\Omega}(V_\infty + V_{\text{ind}}(r(\psi,\zeta))) \tag{3.49}$$

$$V(r) = \frac{\Gamma}{4\pi} \frac{dl \times r}{|r|^3} \tag{3.50}$$

其中，$r(\psi,\zeta)$ 是涡线上定位点（节点）的向量；ψ 是叶片方位角；ζ 为尾迹寿命

角，如图 3.10 所示。图中的涡线从叶片尾缘拖曳出去，当时间为 t 时，其方位角为 ψ，其中 r 是涡线上标记点的位置向量，V 是标记点位置处的当地速度，r_0 是向量的初始位置。$V(r(\psi,\zeta))$ 为该点的局部速度。

用 t_0 表示涡元刚形成且叶片转到方位角 $\psi - \zeta$ 的时间，则

$$\psi - \zeta = \Omega t_0 \tag{3.51}$$

因为 $\psi = \Omega t$，将其代入式（3.51），可得

$$\zeta = \Omega(t - t_0) \tag{3.52}$$

根据微分法则，式（3.47）对时间的导数可以写成 ψ、ζ 和角速度 Ω 为变量的形式：

$$\frac{\mathrm{d}r(\psi,\zeta)}{\mathrm{d}\psi} = \frac{\partial r(\psi,\zeta)}{\partial \psi}\frac{\mathrm{d}\psi}{\mathrm{d}t} + \frac{\partial r(\psi,\zeta)}{\partial \zeta}\frac{\mathrm{d}\zeta}{\mathrm{d}t} \tag{3.53}$$

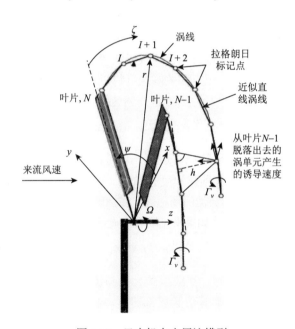

图 3.10　风力机自由尾迹模型

由于 $\dfrac{\mathrm{d}\psi}{\mathrm{d}t} = \dfrac{\mathrm{d}\zeta}{\mathrm{d}t} = \Omega$，式（3.53）写为

$$\frac{\mathrm{d}r(\psi,\zeta)}{\mathrm{d}\psi} = \Omega\left(\frac{\partial r(\psi,\zeta)}{\partial \psi} + \frac{\partial r(\psi,\zeta)}{\partial \zeta}\right) \tag{3.54}$$

对于叶片坐标系，式（3.54）右边项可以写成偏微分方程形式：

$$\frac{\partial r(\psi,\zeta)}{\partial \psi} + \frac{\partial r(\psi,\zeta)}{\partial \zeta} = \frac{V(r(\psi,\zeta))}{\Omega} \tag{3.55}$$

其中，右边的速度项是自由来流速度 V_∞，以及外部扰动源如大气边界层、湍流等的速度 V_{ext} 与尾迹诱导速度 V_{ind} 的和。因此速度 V 可以表示为

$$V = V_\infty + V_{ext} + V_{ind} \tag{3.56}$$

放置在涡线上的任意两个连续的标记点是关联在一起的。放置在涡线上的任意的拉格朗日标记点可以表示为

$$\frac{\mathrm{d}r}{\mathrm{d}t} = V(r,t), \quad r(0) = r_0 \tag{3.57}$$

其中，r_0 为标记点的初始位置向量；r 为标记点位置向量，该标记点位于从叶片尾缘拖曳出去的涡线上，在时间 t 时，其方位角为 ψ。

2. 涡核修正

在自由尾迹计算过程中，当计算靠近涡线的点的诱导速度时，需要考虑涡核修正问题。这是因为当计算点趋近涡线时，由毕奥-萨伐尔定律推导出的直线涡元的诱导速度计算公式会给出不切实际的诱导速度。特别是当计算点落在涡线上时将出现奇点。为避免数值奇异性，需要采用某种形式的黏性涡核模型来加以修正。对于旋翼尾迹计算常用的涡核模型有两种，即兰金（Rankine）集中涡量的涡核模型和斯库利（Scully）分布涡量的涡核模型。20 世纪 90 年代，Bagai 给出了另外一种基于旋翼尾迹试验的涡核修正模型，该模型也属于分布涡量的涡核模型，但具有比 Scully 模型更好的诱导速度分布。其切向诱导速度分布为

$$v_\theta(h) = \frac{\Gamma \cdot h}{2\pi \sqrt{h^4 + r_c^4}} \tag{3.58}$$

其中，Γ 为涡线的环量；h 为计算点到涡线的垂直距离；r_c 为涡核半径。

为模拟涡核随时间的耗散效应，允许涡核半径随涡线寿命角变化，变化规律如下：

$$r_c = 2.242 \sqrt{\delta v \left(\frac{\zeta - \zeta_0}{\Omega} \right)} \tag{3.59}$$

3. 数值算法

目前自由尾迹控制方程的求解方法，大致可分为空间迭代法和时间步进法两种。在这两类自由尾迹法当中，空间迭代法可以迅速迭代得到数值解且在计算过程中有较好的稳定性，但其强制周期性边界条件使得该方法适合用于定常尾迹的求解；而时间步进法以时间步进的方式计算风轮不同时刻的尾迹形状，适用于风轮非定常尾迹分析。

本章选用时间步进法对自由尾迹控制方程进行求解。在"时间准确"自由尾迹方法的求解中，为了对涡线控制方程（3.57）时间域（桨盘方位角）与空间域（尾迹寿命角）进行离散和数值求解，即通过差分方法求得网格。

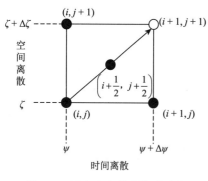

图 3.11　五点中心差分格式示意

首先应进行离散。采用有限差分方法来离散控制方程。差分方法有很多，此处采用五点中心差分（图 3.11）来代替方程（3.55）的左端，即

$$\frac{\partial r(\psi,\zeta)}{\partial \psi} = \frac{1}{2\Delta\psi}(r_{i,j} + r_{i,j-1} - r_{i-1,j} - r_{i-1,j-1})$$

（3.60）

$$\frac{\partial r(\psi,\zeta)}{\partial \zeta} = \frac{1}{2\Delta\zeta}(r_{i,j} + r_{i,j-1} - r_{i-1,j} - r_{i-1,j-1})$$

（3.61）

而右端的诱导速度项采用相邻四点的平均值。这样，涡线控制方程可以离散为

$$r_{i,j} = r_{i-1,j-1} + \left(\frac{\Delta\psi - \Delta\zeta}{\Delta\psi + \Delta\zeta}\right)(r_{i,j-1} - r_{i-1,j}) + \frac{2}{\Omega}\left(\frac{\Delta\psi\Delta\zeta}{\Delta\psi + \Delta\zeta}\right)$$

$$\cdot \left(V_0 + \frac{1}{4}\left(\sum_{k=1}^{M} v_{\text{ind}}(r_{i-1,j-1}, r_{k,\zeta}) + \sum_{k=1}^{M} v_{\text{ind}}(r_{i-1,j}, r_{k,\zeta}) + \sum_{k=1}^{M} v_{\text{ind}}(r_{i,j-1}, r_{k,\zeta}) + \sum_{k=1}^{M} v_{\text{ind}}(r_{i,j}, r_{k,\zeta})\right)\right)$$

（3.62）

其中，M 是涡线离散的总节点数。

涡线对空间某点诱导速度的具体计算按毕奥-萨伐尔定律，即

$$V_i^{sp}(r^{sp}(\psi,\zeta), r^{sp}(\psi_j,\zeta))$$

$$= \frac{1}{4\pi}\int \frac{\Gamma(\psi_j,\zeta)\mathrm{d}\zeta_j \times (r^{sp}(\psi,\zeta) - r^{sp}(\psi_j,\zeta))}{|r^{sp}(\psi,\zeta) - r^{sp}(\psi_j,\zeta)|^3}$$

（3.63）

其中，$r^{sp}(\psi,\zeta)$ 是流场中的被计算涡线定位点的位置矢量。

"时间准确"自由尾迹方法的重点在于能够获得随时间变化的尾迹几何形状和气动特性。因此，对空间步的微分的近似计算要求不高，采用通常的五点中心差分格式，即可满足计算要求，而关键要建立对时间步微分的差分表达式。在预测步中采用上面提到的五点中心差分格式，而在校正步中的方向角方向采用两阶后退格式。

将涡线控制方程离散成式（3.63）后，下面需要对其进行迭代求解。相关文献提供了一个伪隐式预测-校正迭代算法，由于预测-校正-松弛组合迭代算法具有更好的收敛性，因此采用该"三步法"对式（3.63）进行松弛迭代求解。

预测步：

$$r^{\omega_1}(\psi_k, \zeta_j) = r^{\omega_1}(\psi_{k-1}, \zeta_{j-1}) + \frac{\Delta\psi}{\Omega}\left(V_\infty^\omega + \frac{1}{4}((v_{\text{ind}}^{sp})^{n-1}(\psi_k, \zeta_j) + (v_{\text{ind}}^{sp})^{n-1}(\psi_k, \zeta_{j-1})\right.$$

$$\left. + (v_{\text{ind}}^{sp})^{n-1}(\psi_{k-1}, \zeta_j) + (v_{\text{ind}}^{sp})^{n-1}(\psi_{k-1}, \zeta_{j-1}))\right)$$

（3.64）

校正步：

$$r^{\omega_n}(\psi_k,\zeta_j) = r^{\omega_1}(\psi_{k-1},\zeta_{j-1}) + \frac{\Delta\psi}{\Omega}\left(V_\infty^\omega + \frac{1}{4}((v_{\text{ind}}^{sp})^n(\psi_k,\zeta_j) + (v_{\text{ind}}^{sp})^n(\psi_k,\zeta_{j-1})\right.$$
$$\left. + (v_{\text{ind}}^{sp})^n(\psi_{k-1},\zeta_j) + (v_{\text{ind}}^{sp})^n(\psi_{k-1},\zeta_{j-1}))\right) \tag{3.65}$$

松弛步：

$$r^{\omega_n}(\psi_k,\zeta_j) = \omega r^{\omega_n}(\psi_k,\zeta_j) + (1-\omega)r^{\omega_{n-1}}(\psi_k,\zeta_j), \quad 0<\omega<1 \tag{3.66}$$

该"时间准确"自由尾迹方法的计算流程图如图 3.12 所示，既可用于旋翼的定常气动特性计算，也可用于旋翼的非定常气动特性分析。

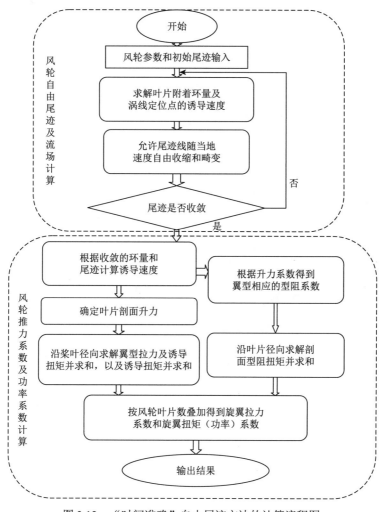

图 3.12　"时间准确"自由尾迹方法的计算流程图

时间步进法既可以用于计算定常流场尾迹的几何形状，也可以用于计算非定常流场的尾迹几何形状，基本步骤为：

（1）给定初始条件；

（2）利用预定尾迹方法给出风轮初始时刻的尾迹几何形状，确定初始环量分布；

（3）计算风轮尾迹各控制点的诱导速度；

（4）采用该"三步法"进行松弛迭代求解；利用预测公式计算下一个时间步的尾迹位置；

（5）采用校正公式给出该时刻校正步的尾迹位置；

（6）采用松弛公式给出该时刻松弛步的尾迹位置；

（7）利用校正获得的尾迹几何位置作为下一步迭代计算的初始尾迹位置，并采用收敛判据进行尾迹收敛判断，如果收敛，计算结束，否则进入下一步；

（8）重复步骤（3）继续进行尾迹计算，直到计算收敛为止。对于定常工况下风轮尾迹的计算，可以利用收敛条件来判断计算是否继续进行；而对于非定常工况下风轮尾迹的计算，一般是先获得定常状态的尾迹解，然后采用时间步进的自由尾迹方法进行计算。

3.2　漂浮式风力机水动力学

3.2.1　基本假设与坐标系

基本假设：

（1）波流联合作用场中流体为均匀、无黏性、不可压缩的理想流体，波流场中流体运动无旋即有势。

（2）入射波采用线性微幅波浪理论描述，其入射方向与水平坐标轴正向一致。

（3）假设构成平台本体的为大尺度物体，需要引入绕射理论计算。

（4）考虑平台全部 6 个自由度的运动模态，分别为纵荡、横荡、垂荡和横摇、纵摇、艏摇。该摇荡运动相对于平台平衡位置为小振幅运动。

在未受到风载和波浪载荷情况下，xOy 平面位于静水面上，原点 O 为塔架中心线与静水面的交点，z 轴为塔架中心线，向上为正向；x 为风和波浪的来流方向，如图 3.13 所示。

结构响应和运动主要由刚体运动而不是弹性变形控制，因此将漂浮式风力机视为承受环境载荷的单

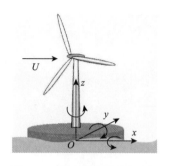

图 3.13　漂浮式支撑平台坐标

个刚体，并通过假定无限的刚度来忽略结构变形，这样可显著简化模型。基于牛顿第二定律，漂浮式结构的运动方程为

$$(M + A)\ddot{x}(t) + B\dot{x}(t) + C(t) = F(t) \qquad (3.67)$$

其中，运动矢量 x 表示每个自由度中的位移；一阶导数和二阶导数分别表示速度和加速度；M 和 A 表示漂浮式风力机的质量和附加质量；B 是阻尼；C 是静水刚度；F 表示作用在风力机上的所有外力和力矩的矢量。

3.2.2　水动力学模型

海上风电机组在运行过程中风机结构不仅受到风的作用，同时还受到波浪的作用即波浪载荷。波浪载荷主要是由波浪产生的力作用于漂浮式基础平台的表面引起的。其中，当浮式平台受到振荡的作用时，平台受到其周围辐射出去的波浪的反作用力称为辐射作用；浮台处于某固定位置时受到波浪分散时产生的作用力称为绕射作用；浮台在不受波浪力影响时，平台还受到水的浮力作用，称为静力作用。波浪载荷就是由以上三个单独的部分组成。当平台直径 D 大于 0.2 的波长即 $D > 0.2\lambda$ 时，就会发生绕射问题。此时，水动力计算使用的莫里森（Morison）方程不再适用。

通过入射波产生作用于漂浮式平台上的载荷 F_i^{wave} 如式（3.68）所示：

$$F_i^{\text{wave}}(t) = \frac{1}{2\pi}\int_{-\infty}^{\infty} W(\omega)\sqrt{2\pi S_{h_w 2}(\omega)}\, X_i(\omega,\theta)\mathrm{e}^{\mathrm{j}\omega t}\mathrm{d}\omega \qquad (3.68)$$

其中，$S_{h_w 2}$ 表示单位时间内波高的双面功率谱密度；$W(\omega)$ 表示在高斯白噪声时间序列时的傅里叶变换；$X_i(\omega,\theta)$ 表示单位幅值的波浪作用在浮式平台上的波浪力；θ 表示入射波的方向。$W(\omega)$ 和 $S_{h_w 2}$ 表示如下：

$$W(\omega) = \begin{cases} 0, & \omega = 0 \\ \sqrt{-2\ln(U_1(\omega))}(\cos(2\pi U_2(\omega)) + \mathrm{j}\sin(2\pi U_2(\omega))), & \omega > 0 \\ \sqrt{-2\ln(U_1(-\omega))}(\cos(2\pi U_2(-\omega)) + \mathrm{j}\sin(2\pi U_2(-\omega))), & \omega < 0 \end{cases} \qquad (3.69)$$

$$S_{h_w 2}(\omega) = \begin{cases} \dfrac{1}{2}S_{h_w 1}(\omega), & \omega \geqslant 0 \\ \dfrac{1}{2}S_{h_w 1}(-\omega), & \omega < 0 \end{cases} \qquad (3.70)$$

对于流体静力部分，对浮式平台产生的浮力如下：

$$F_i^{\text{Hyd}} = \rho g V_0 \delta_{i3} - C_{ij}^{\text{Hyd}} q_j \qquad (3.71)$$

其中，ρ 表示此海域海水的密度；g 表示重力加速度；V_0 表示浮式平台在静止时所产生的排水量；δ_{i3} 为单位矩阵的第（i，3）个元素；$\rho g V_0 \delta_{i3}$ 为利用阿基米德原

理所计算得到的浮力，浮力方向垂直向上，浮力大小或者等于浮式平台的总质量；$-C_{ij}^{\text{Hyd}}q_j$ 代表受水平面和漂浮中心影响的水静力和力矩部分。其中，C_{ij}^{Hyd} 为水平面与平台的浮力中心之间的刚度矩阵：

$$C_{ij}^{\text{Hyd}} = \begin{bmatrix} 0 & 0 & 0 & 0 & 0 & 0 \\ 0 & 0 & 0 & 0 & 0 & 0 \\ 0 & 0 & \rho g A_0 & 0 & 0 & 0 \\ 0 & 0 & 0 & \rho g \iint_{A_0} y^2 \mathrm{d}A_0 + \rho g V_0 Z_{\text{COB}} & 0 & 0 \\ 0 & 0 & -\rho g \iint_{A_0} x \mathrm{d}A_0 & 0 & \rho g \iint_{A_0} y^2 \mathrm{d}A_0 + \rho g V_0 Z_{\text{COB}} & 0 \\ 0 & 0 & 0 & 0 & 0 & 0 \end{bmatrix}$$

$$(3.72)$$

漂浮式平台在海里还会受到来自波浪冲击的作用进而引起振荡现象，使得波浪不断向浮台的四周辐射出去，所产生的辐射载荷如下所示：

$$F_i^{\text{rad}} = -\int_0^t K_{ij}(t-\tau)\dot{q}_j(\tau)\mathrm{d}\tau \tag{3.73}$$

其中，$K_{ij}(t)$ 为波浪辐射延迟矩阵。由式（3.73）看出，辐射载荷与平台的振荡速度成正比，当振荡结束时，辐射的影响跟着结束。当振荡幅度较小时，波浪辐射载荷可以忽略，如定桩式海上风力机。

综上对所有波浪载荷的分析，漂浮式平台所承受的水动力可表示如下：

$$F_i = F_i^{\text{wave}} + F_i^{\text{Hyd}} + F_i^{\text{rad}} \tag{3.74}$$

3.3　漂浮式风力机系泊系统动力学

系泊系统可以保持漂浮式平台不受风、浪和流的侵袭。在一些支撑平台设计中，例如，在张力腿式平台的设计中，它们也被当作建立平台稳定性的手段。系泊系统由多条缆索组成，这些缆索以导缆卸扣方式连接到漂浮式平台上，另一端锚定在海床上。缆绳可以由链条、钢和（或）合成纤维组成，而通常来说是这些材料的分段组合。缆绳上的约束力是通过系泊绳索中的张力来建立的。这种张力取决于支撑平台的浮力、缆索在水中的重量、缆索中的弹性、黏性分离效应以及系泊系统的几何布局。绳索在非稳定环境荷载作用下随漂浮式平台的移动而移动，因此，导索处的约束力随着缆绳张力的变化而变化。这意味着系泊系统具有有效的顺应性。

锚链建模方法可分为多种，从简单的线性或非线性六自由度力-位移关系，到复杂程度不同的准静态数值方法和全动态有限元方法，不同的方法适用于不同类型的建模。图3.14中给出了一条系泊缆绳的示意图，图中展示了导缆孔和锚孔的位置。

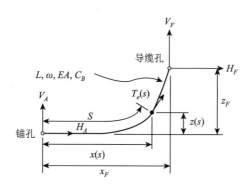

图 3.14 系泊缆绳示意图

3.3.1 力-位移模型

力-位移模型是最简单的系泊系统建模方法，该方法利用平台位移/旋转与系泊缆绳产生的力/力矩之间的函数关系进行建模。因此，该方法忽略缆绳上的动态效果。在该方法中，可以通过操作平台的六个自由度将系泊系统进行整体建模，也可以通过独立操作每个导缆孔位置处的三个平移自由度来分别对每条系泊缆绳进行建模。本节不考虑自由度间耦合的线性化建模方法仅由每个自由度中的有效刚度组成。对于整个系统的频域模型，为了保证系统响应是时间谐波所需的线性特性，建立线性力-位移系泊模型是必需的。

3.3.2 准静态模型

准静态模型可捕捉系泊缆绳的一些非线性行为，并且可以考虑包括海床摩擦和轴向刚度等影响。然而，该方法忽略了系泊缆绳和周围的水的运动，这意味没有考虑缆绳上的惯性和拖曳力，因此，该方法所建立的系泊系统仅提供刚度，但不提供阻尼效果。

当只有张力和自身重力作用在系泊缆绳上时，系泊缆绳将位于导缆孔和锚孔位置定义的具有相反角的垂直平面上，并且它将以悬链线的形状下垂，这可以用解析的方法来描述。定义导缆孔和锚孔（以及缆绳重量、刚度和海底摩擦）位置后，缆绳在导缆孔处的张力以及随后整个缆绳的张力和位置可通过数值求解两个非线性方程组来获得，从而进行相对快速的计算。

假设系泊系统是线性的，缆绳的力学方程为

$$F_i^{\text{Lines}} = F_i^{\text{Lines},0} - C_{ij}^{\text{Lines}} q_j \tag{3.75}$$

其中，$F_i^{\text{Lines},0}$ 为平台静止时，系泊系统作用在漂浮式平台上的合力；C_{ij}^{Lines} 为系泊缆绳的刚度矩阵。设 $w = \left(\mu_c - \rho \dfrac{\pi D_c^2}{4} \right) g$ 为水下单位长度缆绳的重量；A 为缆绳截面积；E 为弹性模量；T 为缆绳张力。在悬链线局部坐标系中（图 3.14），悬链线导缆孔处的有效张力可分解为水平张力分量和纵向张力分量，该有效张力为实际缆绳张力与水的静态压力之和。当没有缆绳松弛在海床上时，其分析方程为

$$x_F(H_F,V_F) = \frac{H_F}{w}\left(\ln\left(\frac{V_F}{H_F} + \sqrt{1+\left(\frac{V_F}{H_F}\right)^2} \right) - \ln\left(\frac{V_F - wL}{H_F} + \sqrt{1+\left(\frac{V_F - wL}{H_F}\right)^2} \right) \right) + \frac{H_F L}{EA}$$

$$\tag{3.76a}$$

$$z_F(H_F,V_F) = \frac{H_F}{w}\left(\sqrt{1+\left(\frac{V_F}{H_F}\right)^2} - \sqrt{1+\left(\frac{V_F - wL}{H_F}\right)^2} \right) + \frac{1}{EA}\left(V_F L - \frac{wL^2}{2} \right) \tag{3.76b}$$

式（3.76）的等效公式可被引用为反双曲正弦：

$$\ln(x + \sqrt{1+x^2}) = \operatorname{arc\,sinh}(x) \tag{3.77}$$

令 $x = \dfrac{V_F}{H_F}$，将其代入式（3.77），并将该式代入式（3.76）中，将简化求解过程。其中，式（3.76a）中，第一项分别为悬链线的长度在 x、z 方向的投影；式（3.76b）为悬链线在水平方向和纵向的拉伸长度。

当悬链线的一段缆绳松弛在海底，即悬链线并未处于完全张紧状态时，其位置与张紧力的关系式为

$$x_F(H_F,V_F) = L - \frac{V_F}{w} + \frac{H_F}{w}\ln\left(\frac{V_F}{H_F} + \sqrt{1+\left(\frac{V_F}{H_F}\right)^2} \right) + \frac{H_F L}{EA}$$

$$+ \frac{C_B w}{EA}\left(-\left(L - \frac{V_F}{w} \right)^2 + \left(L - \frac{V_F}{w} - \frac{H_F}{C_B w} \right)\max\left(L - \frac{V_F}{w} - \frac{H_F}{C_B w}, 0 \right) \right)$$

$$\tag{3.78a}$$

$$z_F(H_F,V_F) = \frac{H_F}{w}\left(\sqrt{1+\left(\frac{V_F}{H_F}\right)^2} - \sqrt{1+\left(\frac{V_F - wL}{H_F}\right)^2} \right) + \frac{1}{EA}\left(V_F L - \frac{wL^2}{2} \right) \tag{3.78b}$$

在式（3.78a）中，等号右侧前两项表示悬链线松弛在海底上，未受到拉伸的一段缆绳长度 L_B：

$$L_B = L - \frac{V_F}{w} \tag{3.79}$$

式（3.79）中，$L_B = 0$。式（3.78a）中，C_B 为位于海底部分悬链线时，其张紧部分受静摩擦影响的摩擦系数。在此，对静摩擦的模型仅假设其每段长度的拖

曳力。最大函数用来解决是否有拉紧力作用在锚上。当锚上所受张紧力为零时，说明悬链线位于海底上的缆绳段足够长，其静摩擦力能够克服水平方向的张紧力。采用牛顿-拉弗森（Newton-Raphson）算法求解式（3.78a）和式（3.78b），可以得到悬链线导缆孔处的有效张紧力。

采用 Peyrot-Goulois 方法对 H_F^0 和 V_F^0 进行初始化，分别将 H_F^0 和 V_F^0 代入，进行 Newton-Raphson 迭代求解：

$$H_F^0 = \left| \frac{w x_F}{2 \lambda_0} \right| \tag{3.80}$$

$$V_F^0 = \frac{w}{2} \left(\frac{z_F}{\tanh \lambda_0} + L \right) \tag{3.81}$$

其中，无量纲参数 λ_0 由悬链线的初始状态决定：

$$\lambda_0 = \begin{cases} 1000, & x_F = 0 \\ 0.2, & \sqrt{x_F^2 + z_F^2} \geqslant L \\ \sqrt{3 \left(\dfrac{L^2 - z_F^2}{x_F^2} - 1 \right)}, & \text{其他} \end{cases} \tag{3.82}$$

一旦导缆孔处的有效张力 H_F、V_F 确定了，锚处的张力就由悬链线外力平衡关系求解得到。

当没有缆绳松弛在海床上时，锚处的张力分析方程为

$$H_A = H_F \tag{3.83a}$$

$$V_A = V_F - wL \tag{3.83b}$$

当没有缆绳松弛在海床上时，锚处的张力分析方程为

$$H_A = \max(H_F - C_B w L_B, 0) \tag{3.84a}$$

$$V_A = 0 \tag{3.84b}$$

当没有缆绳松弛在海床上时，在悬链线上任给一点，该点到锚处的长度在水平方向与垂直方向为 x、z，其张力为 T_e。

$$x(s) = \frac{H_F}{w} \left(\ln \left(\frac{V_A + ws}{H_F} + \sqrt{1 + \left(\frac{V_A + ws}{H_F} \right)^2} \right) - \ln \left(\frac{V_A}{H_F} + \sqrt{1 + \left(\frac{V_A}{H_F} \right)^2} \right) \right) + \frac{H_F s}{EA} \tag{3.85a}$$

$$z(s) = \frac{H_F}{w} \left(\sqrt{1 + \left(\frac{V_A + ws}{H_F} \right)^2} - \sqrt{1 + \left(\frac{V_A}{H_F} \right)^2} \right) + \frac{1}{EA} \left(V_A S + \frac{ws^2}{2} \right) \tag{3.85b}$$

$$T_e(s) = \sqrt{H_F^2 + (V_A + ws)^2} \tag{3.85c}$$

由此可得锚泊系统的综合模型为

$$x(s) = \begin{cases} s, & 0 \leqslant s \leqslant L_B - \dfrac{H_F}{C_B w} \\[3mm] s + \dfrac{C_B w}{2EA}\left(s^2 - 2\left(L_B - \dfrac{H_F}{C_B w} \right) + \left(L_B - \dfrac{H_F}{C_B w} \right)\max\left(L_B - \dfrac{H_F}{C_B w}, 0 \right) \right), & L_B - \dfrac{H_F}{C_B w} < s \leqslant L_B \\[3mm] L_B + \dfrac{HF}{w}\ln\left(\dfrac{w(s-L_B)}{H_F} + \sqrt{1 + \left(\dfrac{w(s-L_B)}{H_F} \right)^2} \right) + \dfrac{H_F s}{EA} \\[3mm] \quad + \dfrac{C_B w}{2EA}\left(-L_B^2 + \left(L_B - \dfrac{H_F}{C_B w} \right)\max\left(L_B - \dfrac{H_F}{C_B w}, 0 \right) \right), & L_B < s \leqslant L \end{cases}$$

$$\text{（3.86a）}$$

$$z(s) = \begin{cases} 0, & 0 \leqslant s \leqslant L_B \\[3mm] \dfrac{H_F}{w}\ln\left(\sqrt{1 + \left(\dfrac{w(s-L_B)}{H_F} \right)^2} - 1 \right) + \dfrac{w(s-L_B)^2}{2EA}, & L_B < s \leqslant L \end{cases} \quad \text{（3.86b）}$$

$$T_e(s) = \begin{cases} \max(H_F + C_B w(s-L_B), 0), & 0 \leqslant s \leqslant L_B \\[2mm] \sqrt{H_F^2 + (w(s-L_B))^2}, & L_B < s \leqslant L \end{cases} \quad \text{（3.86c）}$$

3.3.3　集中质量模型

　　准确预测系泊缆绳本身的载荷，对确保系泊系统的安全设计至关重要，这通常需要考虑系泊缆绳的动力学模型，其中集中质量法被广泛用来对缆绳行为进行离散化以建立系泊系统的动力学模型[32]。图 3.15 表示的是系泊缆绳离散化示意图。图中，缆绳被离散成 N 个大小相等的线段，共有 $N+1$ 个节点。节点编号从锚点开始标记。在右手惯性参照系的定义中，z 轴垂直于水平面向上。每个节点 i 的位置由包含节点位置的 x、y 和 z 坐标的向量 r_i 定义。缆绳的每一段有相同的长度（l）、体积等效直径（d）、密度（ρ）、弹性模量（E）和内部阻尼系数（C_{int}）等属性。

　　缆绳模型将内部轴向刚度和阻尼力与重力、浮力、Morison 方程中的水动力以及与海床接触的力结合在一起。这些力在图 3.16 中以矢量形式表示。缆绳段 $i+\dfrac{1}{2}$ 的内部刚度和阻尼力分别由 $T_{i+\frac{1}{2}}$ 和 $C_{i+\frac{1}{2}}$ 表示。在每个节点 i 处的集中缆绳重量用 W_i 表示。

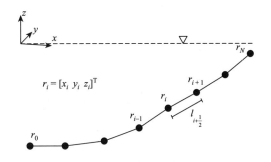

图 3.15　系泊缆绳离散化示意图

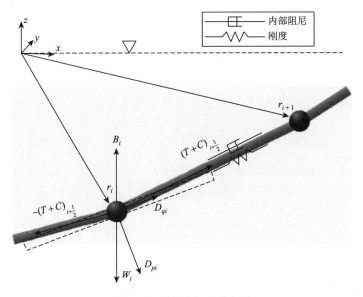

图 3.16　缆绳内部与外部力

1. 内部力

模型中包含的内力包括轴向刚度、轴向阻尼和重力。为方便起见，浮力与重力一起计算。每个分段 $i+\dfrac{1}{2}$ 上的净浮力可由以下公式计算：

$$W_{i+\frac{1}{2}} = \frac{\pi}{4} d^2 l(\rho_{\mathrm{w}} - \rho) g \qquad (3.87)$$

其中，ρ_{w} 表示水的密度；g 为重力加速度。净浮力在两个连接的节点之间平均分配。在节点 i 处的净浮力或重力表示为矢量形式：

$$W_i = \frac{1}{2}\left(W_{i+\frac{1}{2}} + W_{i-\frac{1}{2}}\right)\hat{e}_z \qquad (3.88)$$

其中，$\hat{e}_z$ 表示沿 z 轴正向的单位向量。

分段 $i+\dfrac{1}{2}$ 上的张力表示为

$$T_{i+\frac{1}{2}} = E\frac{\pi}{4}d^2\varepsilon_{i+\frac{1}{2}} = E\frac{\pi}{4}d^2\left(\frac{\|r_{i+1}-r_i\|}{l}-1\right) \tag{3.89}$$

其中，$\varepsilon_{i+\frac{1}{2}}$ 表示应变；符号 $\|\cdot\|$ 表示向量的 L_2 范数或模。将式（3.89）乘以沿分段方向的单位向量可得到张力的向量表达式：

$$T_{i+\frac{1}{2}} = E\frac{\pi}{4}d^2\left(\frac{\|r_{i+1}-r_i\|}{l}-1\right)\left(\frac{r_{i+1}-r_i}{\|r_{i+1}-r_i\|}-1\right) = E\frac{\pi}{4}d^2\left(\frac{1}{l}-\frac{1}{\|r_{i+1}-r_i\|}\right)(r_{i+1}-r_i)$$
$$\tag{3.90}$$

张力方向定义为从节点 i 指向节点 $i+1$，表示的是节点 i 上的张力。只有当缆绳中存在正张力时，才会施加张力。否则，张力将为零。

应用内部阻尼力是保证数值稳定性的一个重要因素：

$$C_{i+\frac{1}{2}} = C_{\text{int}}\frac{\pi}{4}d^2\dot{\varepsilon}_{i+\frac{1}{2}}\left(\frac{r_{i+1}-r_i}{\|r_{i+1}-r_i\|}\right) \tag{3.91}$$

其中，每一分段的应变率 $\dot{\varepsilon}_{i+\frac{1}{2}}$ 的计算公式为

$$
\begin{aligned}
\dot{\varepsilon}_{i+\frac{1}{2}} &= \frac{\partial\varepsilon}{\partial t} = \frac{\partial}{\partial t}\left(\frac{\|r_{i+1}-r_i\|}{l}\right) \\
&= \frac{1}{2l}\frac{1}{\|r_{i+1}-r_i\|}\frac{\partial}{\partial t}((x_{i+1}-x_i)^2+(y_{i+1}-y_i)^2+(z_{i+1}-z_i)^2) \\
&= \frac{1}{l}\frac{1}{\|r_{i+1}-r_i\|}((x_{i+1}-x_i)(\dot{x}_{i+1}-\dot{x}_i)+(y_{i+1}-y_i)(\dot{y}_{i+1}-\dot{y}_i)+(z_{i+1}-z_i)(\dot{z}_{i+1}-\dot{z}_i))
\end{aligned}
$$
$$\tag{3.92}$$

2. 外部力

应用水动力阻力和附加质量模型的第一步是将节点处的相对流体速度和加速度分解为横向和切向分量。每个节点处的切线方向 $\hat{q}_i$ 近似为通过两个相邻节点之间的连线方向：

$$\hat{q}_i = \frac{r_{i+1}-r_{i-1}}{\|r_{i+1}-r_{i-1}\|} \tag{3.93}$$

横向（下面用 p 表示）表示垂直于 $\dot{q}_i$ 且与缆绳上相对水流速度方向一致的方向。在静水中，缆绳节点上的相对水流速度等于 $-\dot{r}_i$，水流的切向分量由 $-\dot{r}_i$ 在 $\hat{q}_i$ 上的投影矢量给出，表示为 $(-\dot{r}_i\cdot\hat{q}_i)\hat{q}_i$，则水流的横向分量表示为 $(\dot{r}_i\cdot\hat{q}_i)\hat{q}_i-\dot{r}_i$。

将缆绳视为细长圆柱形结构，采用 Morison 方程计算缆绳的横向水动力载荷。使用上述速度分量，则施加到节点 i 上的横向黏滞阻力为

$$D_{pi} = \frac{1}{2} \rho_{w} C_{dn} dl \parallel (\dot{r}_i \cdot \hat{q}_i)\hat{q}_i - \dot{r}_i \parallel ((\dot{r}_i \cdot \hat{q}_i)\hat{q}_i - \dot{r}_i) \tag{3.94}$$

其中，C_{dn} 表示横向阻力系数。类似地，切向阻力表示为

$$D_{qi} = \frac{1}{2} \rho_{w} C_{dt} \pi dl \parallel (-\dot{r}_i \cdot \hat{q}_i)\hat{q}_i \parallel ((-\dot{r}_i \cdot \hat{q}_i)\hat{q}_i \tag{3.95}$$

其中，C_{dt} 表示切向阻力系数。

横向上的附加质量力可用以下公式计算：

$$a_{pi}\ddot{r}_i = \rho_{w} C_{an} \frac{\pi}{4} d^2 l ((\ddot{r}_i \cdot \hat{q}_i)\hat{q}_i - \ddot{r}_i) \tag{3.96}$$

其中，C_{an} 表示横向上的附加质量系数；a_{pi} 表示相应的横向上的附加质量矩阵。同样，适用于缆绳的切向附加质量力计算公式为

$$a_{qi}\ddot{r}_i = \rho_{w} C_{at} \frac{\pi}{4} d^2 l (-\ddot{r}_i \cdot \hat{q}_i)\hat{q}_i \tag{3.97}$$

其中，C_{at} 表示切向附加质量系数；a_{qi} 表示该切向分量的附加质量矩阵。

为了处理缆绳与海床的相互作用，当缆绳上的节点与海床接触时，在系泊系统中采用线性弹簧-阻尼器方法来表征垂直反力。刚度系数 k_b 表示海床单位面积的刚度，阻尼系数 c_b 表示海床单位面积的黏性阻尼。仅当节点接触海床时，该处理措施才被激活，相互作用力表示为

$$B_i = dl((z_{bot} - z_i)k_b - \dot{z}_i c_b)\hat{e}_z \tag{3.98}$$

其中，z_{bot} 表示海床 z 向坐标。

3. 质量与积分

在集中质量公式中，通过将两个相邻缆绳段的组合质量的一半分配给每个节点，以便将缆绳的质量离散为每个节点处的点质量。节点 i 的 3×3 质量矩阵可以表示为

$$m_i = \frac{\pi}{4} d^2 l \rho I \tag{3.99}$$

其中，I 为单位阵。与 $\ddot{r}$ 成比例的附加质量也需要包括在质量矩阵中，结合式（3.96）和式（3.97）可得到节点 i 的附加质量矩阵：

$$a_i = a_{pi} + a_{qi} = \rho_{w} \frac{\pi}{4} d^2 l (C_{an}(I - \hat{q}_i \hat{q}_i^{\mathrm{T}}) + C_{at}(\hat{q}_i \hat{q}_i^{\mathrm{T}})) \tag{3.100}$$

每个节点 i 的完整运动方程为

$$(m_i + a_i)\ddot{r}_i = T_{i+\frac{1}{2}} - T_{i-\frac{1}{2}} a_{pi} + C_{i+\frac{1}{2}} - C_{i-\frac{1}{2}} + W_i + B_i + D_{pi} + D_{qi} \qquad (3.101)$$

式（3.101）中所表示的二阶常微分方程组可以很容易地化为一阶微分方程组。然后使用恒定时间步长的二阶龙格-库塔（Runge-Kutta）法对其进行求解。

3.3.4　流性阻尼系泊模型

流性阻尼系泊建模方法是一种有限元建模方法，可考虑杆材料在轴向力和弯曲力作用下产生的阻尼。

1. 流变阻尼

黏弹性固体的流变行为可以用开尔文-沃伊特（Kelvin-Voigt）模型来描述，该模型包括一个平行的弹簧和一个阻尼器，如图 3.17 所示。材料在恒定初始应力下的应力-应变关系是一种缓慢变化的过程，最终会将所有的应力转化到弹簧上面。然而，由于需要一定的时间来实现弹性拉伸，不存在瞬时的应力-应变关系。这个时间与延迟时间有关。

图 3.17　Kelvin-Voigt 模型

时间延迟是 η / E 之间的比率，大约是振动周期的 1%或者 4%。假设应力和应变成正比（胡克定律），定义应力-应变特性的微分方程可表示为

$$\sigma = E\varepsilon + \eta \frac{\partial \varepsilon}{\partial t} \qquad (3.102)$$

其中，σ 为线的横截面；ε 是线截面的轴向应变；E 和 η 分别是弹性模量和材料黏度。

然后，在不考虑弯曲的情况下，通过对轴向应力积分直接获得轴向力：

$$N = \int \sigma \mathrm{d}A = EA\varepsilon + \eta A \frac{\partial \varepsilon}{\partial t} \qquad (3.103)$$

应力乘以到横截面中性轴的距离（在这种情况下为中心线）的积分得到内部弯矩。假设采用欧拉-伯努利（Euler-Bernoulli）梁法，应变-曲率关系可以表示为 $\varepsilon \approx \kappa g z$，其中，$z$ 是以中性轴为原点，垂直于密切面上轴向坐标的横向距离，κ 是缆绳的曲率值。然后，曲率速度可以由轴向应变速度近似得到 $\frac{\partial \varepsilon}{\partial t} \approx \frac{\partial \kappa}{\partial t} z$。因此，力矩用式（3.104）表示，公式中的 I 是横截面面积的第二个力矩。

$$\begin{aligned} M &= \int \sigma \cdot z \mathrm{d}A = \int \left(E\varepsilon + \eta \frac{\partial \varepsilon}{\partial t} \right) \cdot z \mathrm{d}A \\ &= \int \left(E\kappa + \eta \frac{\partial \kappa}{\partial t} \right) \cdot z^2 \mathrm{d}A = I \left(E\kappa + \eta \frac{\partial \kappa}{\partial t} \right) \end{aligned} \qquad (3.104)$$

2. 加入流变阻尼有限元连杆模型

采用的杆模型是基于 Garret 提出的公式有限元模型，该公式是由细长杆在大位移和大转动下得出的运动方程。此外，Kim 提出了材料刚度和小应变假设，对模型进行了扩展，将材料阻尼应用于轴向和弯曲变形，即法向应变。

缆绳由中心线的位置 $r(s,t)$ 来定义，$r(s,t)$ 是关于弧长参数 "s" 和时间 "t" 的函数，如图 3.18 所示。中心线的位置被用来定义线的变形形状。在直线的任何点上，曲线 $r(s,t)$ 的切线向量 t 是定义为中心线位置相对于弧长参数导数的单位矢量，其中，中心线导数的范数为有方向的应力值。法向量 n 被定义为切线向量，也可以表示为直线位置除以曲率（k）的二阶导数。切线和法向量定义了每个点上的密切平面。正态向量 b 被定义为 t 和 n 的叉积。切向量、法向量和正态向

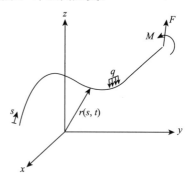

图 3.18　缆绳中心线草图

量在式（3.105）中进行定义，其中素数表示相对于 "s" 的微分。全局坐标中 z 方向是重力方向的相反方向。在这里将全局向量定义为 $[e_x, e_y, e_z]$。

$$t = \frac{\partial r / \partial s}{\| \partial r / \partial s \|} = \frac{r'}{\| r' \|}, \quad n = \frac{1}{\kappa} \frac{\mathrm{d}t}{\mathrm{d}s} = \frac{1}{\kappa} \frac{r''}{\| r'' \|}, \quad b = t \times n \qquad (3.105)$$

其中，$\| r' \| = 1 + \varepsilon$，$\varepsilon$ 是应变；κ 是曲率，$\kappa = \| r'' \| / \| r' \|$。

根据微分缆绳元素的线动量和角动量守恒可以推出运动方程式（3.106）。通过忽略转动惯量和剪切变形的影响，就可以得到静态旋转运动方程式（3.107）。F 和 M 分别是作用在中心线上一点的内应力状态的合力和力矩，q 和 m 是每单位长度所受到的外力和力矩，ρ_m 是线密度，A 是线的横截面面积，叠加点表示相对于时间的微分。

$$F' + q = \rho_m A \ddot{r} \qquad (3.106)$$

$$M' + \frac{r'}{\| r' \|} \times F + m = 0 \qquad (3.107)$$

根据 Euler-Bernoulli 等主刚度理论，加入流变阻尼材料，不考虑应力的扭转分量的弹性杆的弯矩可以用等式（3.108）来表示，这个方程是由关于 t 和 n 的力矩方程式（3.104）推导出来的：

$$
\begin{aligned}
M &= EI\kappa b + \eta I \dot{\kappa} b = \frac{r'}{\| r' \|} \left(\left(EI + \eta I \frac{\dot{\kappa}}{\kappa} \right) \frac{r''}{\| r' \|} \right) \\
&= \frac{r'}{\| r' \|} \times \left(EI \frac{r''}{\| r' \|} + \eta I \left(\frac{r'' \cdot \dot{r}''}{r'' \cdot r''} - \frac{r' \cdot \dot{r}'}{r' \cdot r'} \right) \frac{r''}{\| r' \|} \right)
\end{aligned}
\qquad (3.108)
$$

曲率速度是由曲率对时间求导数得到的，如式（3.109）所示。该方程说明了曲率速度与法向和切线速度之间的区别。简单地说，如果法向量的速度与切线速度成一定比例增加，则曲率保持不变，此时曲率的速度为零。

$$\dot{\kappa} = \frac{(r'' \cdot \dot{r}'')}{(r' \cdot r')^{1/2} \cdot (r'' \cdot r'')^{1/2}} - \frac{(r'' \cdot r'')^{1/2} \cdot (r' \cdot \dot{r}')}{(r' \cdot r')^{3/2}} \tag{3.109}$$

然后，曲率速度与方程中曲率的比值，可表述为

$$\frac{\dot{\kappa}}{\kappa} = \frac{r'' \cdot \dot{r}''}{r'' \cdot r''} - \frac{r' \cdot \dot{r}'}{r' \cdot r'} \tag{3.110}$$

为了扩展方程式（3.107），式（3.108）所得力矩对弧长的导数形式为

$$M' = \frac{r'}{\|r'\|} \times \left(EI \frac{r''}{\|r'\|} + \eta I \left(\frac{r'' \cdot \dot{r}''}{r'' \cdot r''} - \frac{r' \cdot \dot{r}'}{r' \cdot r'} \right) \frac{r''}{\|r'\|} \right)' \tag{3.111}$$

接下来，把式（3.111）代入式（3.108）。忽略单位长度 m 所施加的线性矩就会有

$$\frac{r'}{\|r'\|} \times \left(\left(EI \frac{r''}{\|r'\|} + \eta I \left(\frac{r'' \cdot \dot{r}''}{r'' \cdot r''} - \frac{r' \cdot \dot{r}'}{r' \cdot r'} \right) \frac{r''}{\|r'\|} \right)' + F \right) = 0 \tag{3.112}$$

式（3.112）表明了 r、F 和 M' 之间的关系。并且，F 和 M' 必须与切向量 t 成比例，这个关系可以表达如下：

$$\left(EI \frac{r''}{\|r'\|} + \eta I \left(\frac{r'' \cdot \dot{r}''}{r'' \cdot r''} - \frac{r' \cdot \dot{r}'}{r' \cdot r'} \right) \frac{r''}{\|r'\|} \right)' + F = \lambda \frac{r'}{\|r'\|} \tag{3.113}$$

其中，λ 是一个标量，可以被定义为拉格朗日乘子。此时，力 F 的形式可以表示为

$$F = -\left(EI \frac{r''}{\|r'\|} + \eta I \left(\frac{r'' \cdot \dot{r}''}{r'' \cdot r''} - \frac{r' \cdot \dot{r}'}{r' \cdot r'} \right) \frac{r''}{\|r'\|} \right)' + \lambda \frac{r'}{\|r'\|} \tag{3.114}$$

3.4 漂浮式风力发电机结构动力学

3.4.1 风力机多柔体动力学仿真建模

根据风力机的系统特性，在 Fortran 编译环境下进行风力发电机系统建模。同时生成文件.adm 和.acf，进行模型转换和结果输出，相关流程示意如图 3.19 所示。

将上述模型导入 ADAMS 系统中，完成了漂浮式风力机的模型可视化，生成了仿真数字模型如图 3.20 所示。其中风机机舱部分的相关参数如表 3.1～表 3.4 所示。

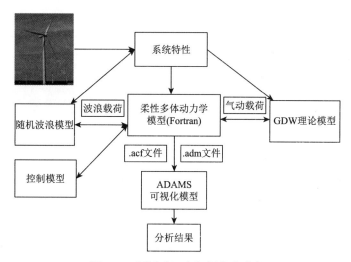

图 3.19　漂浮式风电机组仿真流程

图 3.20　漂浮式风力机动力学模型

表 3.1　整机结构参数

参数	大小
风轮旋转中心到叶尖的距离（考虑锥角）	63m
轮毂半径（考虑锥角）	1.5m
轮毂质心到风轮旋转中心距离	0m
机舱偏航轴到轮毂质心距离	5.01910m
沿下风向，从塔架顶部到机舱质心距离	1.9m
塔架顶部到机舱质心的垂直距离	1.75m
塔架高度	87.6m
塔顶到主轴的垂直距离	1.96256m
主轴仰角	5°
叶片锥角	2.5°

表 3.2　质量和惯量参数

参数	大小
机舱质量	240000kg
轮毂质量	56780kg
机舱绕偏航轴的转动惯量	2607890kg·m²
发电机绕高速轴转动惯量	534.116kg·m²
轮毂绕风轮轴转动惯量	115926kg·m²

表 3.3　传动链参数

参数	大小
齿轮箱效率	100%
发电机效率	94.4%
齿轮箱传动比	97
高速轴刹车力矩	28116.2N·m
高速轴刹车动作时间	0.6s
传动链刚度	8.67637×10^{8}N·m/rad
传动链阻尼	6.215×10^{6}N·m/s

表 3.4　控制参数

参数	大小
额定转速	15rad/min
最小变桨角	0°
最大变桨角	90°
增益控制幂系数	0.45
增益控制幂指数	0.5
变桨控制积分系数传递函数	$H(s)=\dfrac{2.22}{s}$
变桨控制微分系数传递函数	$H(s)=\dfrac{0.008s+5.14}{0.002s+1}$
发电机额定转速	1200r/min
发电机额定转矩	41882.9N·m
发电机力矩常数	0.004
发电机额定滑差	9999.9×10^{-9}

叶片和塔架的形状、密度和刚度属性如表 3.5 和表 3.6 所示。

表 3.5　5MW 风力发电机组叶片形状、密度和刚度参数

叶片半径/m	叶素扭角/(°)	叶片密度/(kg/m)	拍动刚度/(N/m²)	挥舞刚度/(N/m²)
0	13.308	678.935	1.81×10^{10}	1.81×10^{10}
0.20475	13.308	678.935	1.81×10^{10}	1.81×10^{10}
1.22913	13.308	773.363	1.94×10^{10}	1.96×10^{10}
2.25351	13.308	740.55	1.75×10^{10}	1.95×10^{10}
3.27789	13.308	740.042	1.53×10^{10}	1.98×10^{10}
4.30227	13.308	592.496	1.08×10^{10}	1.49×10^{10}
5.32665	13.308	450.275	7.23×10^{9}	1.02×10^{10}
6.35103	13.308	424.054	6.31×10^{9}	9.14×10^{9}
7.37541	13.308	400.638	5.53×10^{9}	8.06×10^{9}
8.40105	13.308	382.062	4.98×10^{9}	6.88×10^{9}
9.42417	13.308	399.655	4.94×10^{9}	7.01×10^{9}
10.44855	13.308	426.321	4.69×10^{9}	7.17×10^{9}
11.47293	13.181	416.82	3.95×10^{9}	7.27×10^{9}
12.49731	12.848	406.186	3.39×10^{9}	7.08×10^{9}
13.52295	12.192	381.42	2.93×10^{9}	6.24×10^{9}
14.54607	11.561	352.822	2.57×10^{9}	5.05×10^{9}
15.57045	11.072	349.477	2.39×10^{9}	4.95×10^{9}
16.59483	10.792	346.538	2.27×10^{9}	4.81×10^{9}
18.64485	10.232	339.333	2.05×10^{9}	4.50×10^{9}
20.69298	9.672	330.004	1.83×10^{9}	4.24×10^{9}
22.74174	9.11	321.99	1.59×10^{9}	4.00×10^{9}
24.7905	8.534	313.82	1.36×10^{9}	3.75×10^{9}
26.83926	7.932	294.734	1.10×10^{9}	3.45×10^{9}
28.88865	7.321	287.12	8.76×10^{8}	3.14×10^{9}
30.93678	6.711	263.343	6.81×10^{8}	2.73×10^{9}
32.98554	6.122	253.207	5.35×10^{8}	2.55×10^{9}
35.0343	5.546	241.666	4.09×10^{8}	2.33×10^{9}
37.08306	4.971	220.638	3.15×10^{8}	1.83×10^{9}
39.13245	4.401	200.293	2.39×10^{8}	1.58×10^{9}
41.18058	3.834	179.404	1.76×10^{8}	1.32×10^{9}
43.22934	3.332	165.094	1.26×10^{8}	1.18×10^{9}
45.2781	2.89	154.411	1.07×10^{8}	1.02×10^{9}

叶片半径/m	叶素扭角/(°)	叶片密度/(kg/m)	拍动刚度/(N/m²)	挥舞刚度/(N/m²)
47.32686	2.503	138.935	9.09×10^7	7.98×10^8
49.37688	2.116	129.555	7.63×10^7	7.10×10^8
51.42438	1.73	107.264	6.11×10^7	5.18×10^8
53.47314	1.342	98.776	4.95×10^7	4.55×10^8
55.5219	0.954	90.248	3.94×10^7	3.95×10^8
56.54628	0.76	83.001	3.47×10^7	3.54×10^8
57.57066	0.574	72.906	3.04×10^7	3.05×10^8
58.59504	0.404	68.772	2.65×10^7	2.81×10^8
59.10723	0.319	66.264	2.38×10^7	2.62×10^8
59.62068	0.253	59.34	1.96×10^7	1.59×10^8
60.13161	0.216	55.914	1.60×10^7	1.38×10^8
60.6438	0.178	52.484	1.28×10^7	1.19×10^8
61.15599	0.14	49.114	1.01×10^7	1.02×10^8
61.66818	0.101	45.818	7.55×10^6	8.51×10^7
62.18037	0.062	41.669	4.60×10^6	6.43×10^7
62.69256	0.023	11.453	2.50×10^5	6.61×10^6
63	0	10.319	1.70×10^5	5.01×10^6

表 3.6　5MW 风力发电机组塔架形状、密度和刚度参数

塔架高度/m	塔架密度/(kg/m)	前后、侧向刚度/(N/m²)	扭转刚度/(N/m²)
0	5590.87	6.14×10^{11}	4.73×10^{11}
8.76	5232.43	5.35×10^{11}	4.12×10^{11}
17.52	4885.76	4.63×10^{11}	3.56×10^{11}
26.28	4550.87	3.99×10^{11}	3.07×10^{11}
35.04	4227.75	3.42×10^{11}	2.63×10^{11}
43.8	3916.41	2.91×10^{11}	2.24×10^{11}
52.56	3616.83	2.46×10^{11}	1.89×10^{11}
61.32	3329.03	2.06×10^{11}	1.59×10^{11}
70.08	3053.01	1.72×10^{11}	1.32×10^{11}
78.84	2788.75	1.42×10^{11}	1.09×10^{11}
87.6	2536.27	1.16×10^{11}	8.91×10^{10}

浮式平台相关参数如表 3.7 所示。

表 3.7 浮式平台相关参数

参数	大小
水平面到平台质心的距离	63m
平台质量	5452000kg
平台绕 x 轴转动惯量	$7.269 \times 10^8 \mathrm{kg \cdot m^2}$
平台绕 y 轴转动惯量	$7.269 \times 10^8 \mathrm{kg \cdot m^2}$
平台绕 z 轴转动惯量	$1.4539 \times 10^9 \mathrm{kg \cdot m^2}$
悬链线数目	8

计算得到的叶片和塔架假设模态和固有频率与 Bladed 仿真对比结果如表 3.8 所示。

表 3.8 5MW 风力发电机组叶片和塔架模态和固有频率

叶片和塔架模态	本书结果	Bladed 结果
叶片一阶拍动/Hz	0.7439（0.8280）	0.74（0.82）
叶片二阶拍动/Hz	2.1706（2.2606）	2.08（2.17）
叶片一阶挥舞/Hz	1.3337（1.3708）	1.32（1.36）
塔架一阶纵向/Hz	0.333	0.34
塔架二阶纵向/Hz	2.445	2.40
塔架一阶侧向/Hz	0.333	0.34
塔架二阶侧向/Hz	2.445	2.13

3.4.2 算例分析

本节以风力发电机组系统动力学模型为基础，使用 ADAMS 与 MATLAB/Simulink 联合建模，采用 NREL 5MW 基本数据模型进行分析，得到 Barge 浮式平台、锚泊系统、风机整机载荷及性能结果如图 3.21 所示。

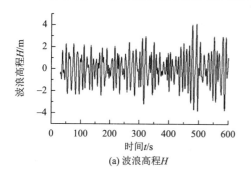
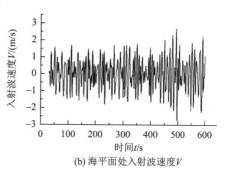

(a) 波浪高程 H (b) 海平面处入射波速度 V

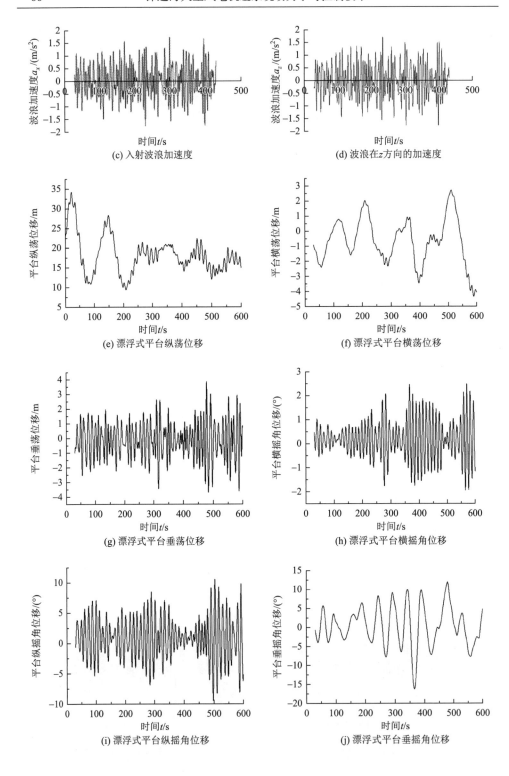

(c) 入射波浪加速度

(d) 波浪在z方向的加速度

(e) 漂浮式平台纵荡位移

(f) 漂浮式平台横荡位移

(g) 漂浮式平台垂荡位移

(h) 漂浮式平台横摇角位移

(i) 漂浮式平台纵摇角位移

(j) 漂浮式平台垂摇角位移

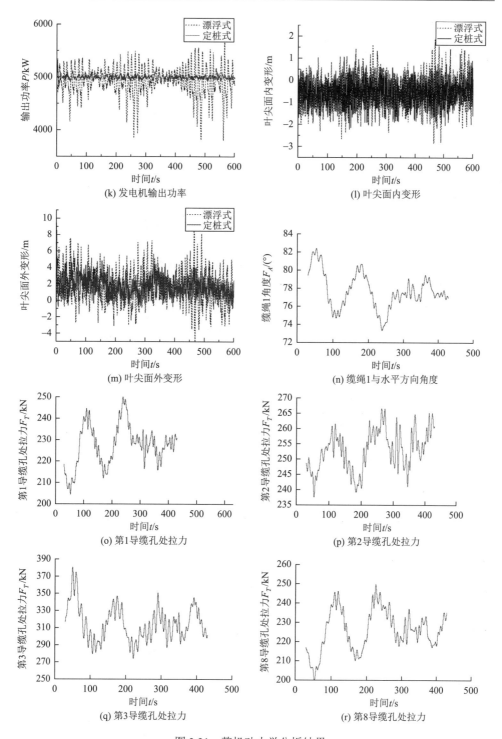

图 3.21　整机动力学分析结果

从图 3.21（k）可以看出，漂浮式风电机组的输出功率受水动力影响，波动较大，对变频器要求较高。Barge 式风力机在受到波浪与风载荷耦合作用下，平台的摇荡位移主要为纵荡位移、纵摇角位移和垂摇角位移。

3.5 变桨系统动力学模型

3.5.1 基准模型

基准控制系统包括两个独立的控制器，分别用于调节叶片变桨角度和发电机扭矩，其桨距角控制结构如图 3.22 所示。由上述风力机运行状态分析可知，在额定风速以下的区域，控制策略通过调整发电机扭矩和保持叶片的最佳叶尖速比来获取最大功率。在此区域内，变桨距控制器未激活。在额定风速以上的区域，叶片变桨系统通过在恒定转速下产生额定功率输出来控制叶片变桨角度，将空气动力载荷保持在一定的范围内。

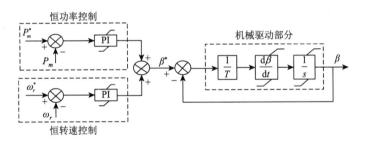

图 3.22　变桨系统基准控制结构图

对于基准模型，只考虑一个自由度即风轮方位角，其动力学方程表达式如下：

$$J_r \dot{\omega}_r = T_r - T_g \tag{3.115}$$

通过对气动转矩 T_r 在稳定工作点（ ω_0 ， β_0 ， V_0 ）进行泰勒级数展开得到

$$J_r \Delta \dot{\omega}_r = \frac{\partial T_r}{\partial \omega_r} \Delta \omega_r + \frac{\partial T_r}{\partial \beta} \Delta \beta + \frac{\partial T_r}{\partial V} \Delta V \tag{3.116}$$

求解偏微分方程得到

$$\begin{cases} \dot{x} = A\Delta \omega_r + B\Delta \beta + B_d \Delta V \\ y = C\Delta \omega_r \end{cases} \tag{3.117}$$

其中，矩阵的表达式分别如下所示：

$$A = \frac{\partial T_r}{J_r \partial \omega_r}, \quad B = \frac{\partial T_r}{J_r \partial \beta}, \quad B_d = \frac{\partial T_r}{J_r \partial V}, \quad C = 1 \tag{3.118}$$

由该线性模型可知，恒功率输出是通过控制发电机转速实现的。一阶状态方程无法对载荷的降低起到明显的作用。因此，接下来建立了二阶非线性模型。

3.5.2 二阶非线性模型

变桨系统通常由电动机和机电执行器组成，总的来说分为两种类型：机电式和液压式。这两者各有利弊[27]。对于机电系统，使用带齿轮组的电动机，它具有结构紧凑、控制精度高、跟踪性能好等优点，但是存在严重的侵蚀和抗干扰能力差等问题。液压系统主要采用比例阀控液压缸，通过刚性杆将气缸活塞连接到叶片轴上实现桨距控制。该系统具有刚度大、高功率系数、间隙小、可靠性高等优点，但控制精度较差。

在实际应用中，变桨距调节机械机构中的驱动力与桨距角间有着高度的非线性关系。此外，系统中存在参数不确定性和变桨载荷非线性。例如，内漏系数和黏滞摩擦系数随着油温的变化而变化，而自然老化和磨损过程都可能对相关系数造成影响。这些不确定性和干扰将会对变桨性能产生不利影响。因此，本节建立了变桨系统调节桨距角的非线性动态模型。单叶片变桨距机械原理如图 3.23 所示。

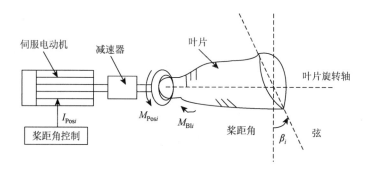

图 3.23 单叶片变桨距机械示意图

根据角动量守恒定律[28]，可以得到

$$\frac{\mathrm{d}\left((J_{\mathrm{LB}i}+J_{\mathrm{B}i})\dfrac{\mathrm{d}\beta_i}{\mathrm{d}t}\right)}{\mathrm{d}t}+\frac{\mathrm{d}((k_{\mathrm{DB}i}+k_{\mathrm{RL}i})\beta_i)}{\mathrm{d}t}=M_{\mathrm{Pos}i}-M_{\mathrm{B}li} \tag{3.119}$$

式（3.119）可以进一步描述为

$$(J_{\mathrm{LB}i}+J_{\mathrm{B}i})\ddot{\beta}_i+\left(\frac{\mathrm{d}J_{\mathrm{LB}i}}{\mathrm{d}t}+\frac{\mathrm{d}J_{\mathrm{B}i}}{\mathrm{d}t}+k_{\mathrm{DB}i}+k_{\mathrm{RL}i}\right)\dot{\beta}_i+\left(\frac{\mathrm{d}k_{\mathrm{DB}i}}{\mathrm{d}t}+\frac{\mathrm{d}k_{\mathrm{RL}i}}{\mathrm{d}t}\right)\beta_i \tag{3.120}$$

$$=M_{\mathrm{Pos}i}-M_{\mathrm{B}li}$$

其中，$J_{\mathrm{LB}i}$ 和 $J_{\mathrm{Bl}i}$ 分别表示绕纵向轴的质量惯性矩和加速空气的惯性系数；$k_{\mathrm{DB}i}$ 和 $k_{\mathrm{RL}i}$ 分别为阻尼系数和轴承的摩擦系数；$M_{\mathrm{Pos}i}$ 表示叶片变桨距调节装置的驱动力矩；$M_{\mathrm{Bl}i}$ 为第 i 个叶片的扭转力矩；β_i 为第 i 个叶片的桨距角。

$$M_{\mathrm{Bl}i} = M_{\mathrm{Pr}i} + M_{\mathrm{lift}i} + M_{\mathrm{T}i} + M_{\mathrm{bend}i} + M_{\mathrm{Teeter}i} + M_{\mathrm{frict}i} + \phi_i(\beta_1, \beta_2, \beta_3) \quad (3.121)$$

其中，$M_{\mathrm{Pr}i}$ 和 $M_{\mathrm{lift}i}$ 分别为推进力矩和升力矩；$M_{\mathrm{T}i}$、$M_{\mathrm{bend}i}$ 和 $M_{\mathrm{Teeter}i}$ 分别为扭转复位力矩、拍打力矩和倾斜力矩；$M_{\mathrm{frict}i}$ 为摩擦力矩；增加项 $\phi_i(\beta_1, \beta_2, \beta_3)$ 描述了叶片上承受不平衡载荷，包括确定性载荷和随机扰动。力矩的综合分析如图 3.24 所示。

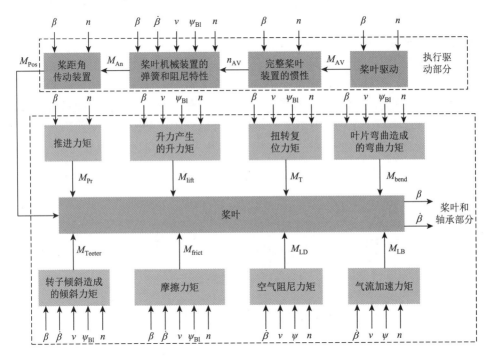

图 3.24　力矩分析图

为了方便控制器的设计，将式（3.121）写成如下线性方程的形式：

$$\begin{cases} M(\beta)\ddot{\beta} + D(\beta, \dot{\beta})\dot{\beta} + N(\beta, \dot{\beta})\beta + d(\cdot) = M_{\mathrm{Pos}} \\ M_{\mathrm{Pos}} = C_{\mathrm{T}}u \end{cases} \quad (3.122)$$

其中，$\beta = [\beta_1, \beta_2, \beta_3]^{\mathrm{T}} \in \mathbf{R}^3$，$\dot{\beta} = [\dot{\beta}_1, \dot{\beta}_2, \dot{\beta}_3]^{\mathrm{T}} \in \mathbf{R}^3$ 分别代表叶片桨距角及相应的角速度；$d(\cdot) = [d_1, d_2, d_3]^{\mathrm{T}} \in \mathbf{R}^3$ 表示外部干扰，是推进器、叶片升力、叶片弯曲、振动及不平衡载荷引起的总力矩；$u = [u_1, u_2, u_3]^{\mathrm{T}} \in \mathbf{R}^3$ 是要设计的控制器的输出信号；$M(\cdot) = \mathrm{diag}(M_1, M_2, M_3) \in \mathbf{R}^{3\times3}$；$D(\cdot) = \mathrm{diag}(D_1, D_2, D_3) \in \mathbf{R}^{3\times3}$；$N(\cdot) = \mathrm{diag}(N_1, N_2, N_3) \in \mathbf{R}^{3\times3}$。

其中，

$$\begin{cases} d_i = M_{\mathrm{Pr}i} + M_{\mathrm{lift}i} + M_{\mathrm{T}i} + M_{\mathrm{bend}i} + M_{\mathrm{Teeter}i} + + M_{\mathrm{frict}i} + \phi_i(\beta_1, \beta_2, \beta_3) \\ M_i = J_{\mathrm{LB}i} + J_{\mathrm{B}li} > 0, \quad i = 1,2,3 \\ D_i = \dfrac{\mathrm{d}J_{\mathrm{LB}i}}{\mathrm{d}t} + \dfrac{\mathrm{d}J_{\mathrm{B}li}}{\mathrm{d}t} + k_{\mathrm{DB}i} + k_{\mathrm{RL}i}, \quad i = 1,2,3 \\ N_i = \dfrac{\mathrm{d}J_{\mathrm{DB}i}}{\mathrm{d}t} + \dfrac{\mathrm{d}J_{\mathrm{RL}i}}{\mathrm{d}t}, \quad i = 1,2,3 \end{cases} \tag{3.123}$$

注意式（3.122）中的 $M(\cdot)$、$D(\cdot)$、$N(\cdot)$ 和 $d(\cdot)$ 均是不确定项，且具有时变特性。设计控制器的控制目标是让桨距角 $\beta = [\beta_1, \beta_2, \beta_3]^{\mathrm{T}} \in \mathbf{R}^3$ 分别独立跟踪三个叶片的期望桨距角 $\beta^* = [\beta_1^*, \beta_2^*, \beta_3^*]^{\mathrm{T}} \in \mathbf{R}^3$，与此同时保证其他参数都有界。

第 4 章　漂浮式风电机组功率控制策略

海上风电机组在海上复杂多变的恶劣环境下运行，整机的工作性能和极限载荷都会受非常大的影响。因此对于海上变速变桨风电机组来说，如何在提高功率品质的同时，降低机组关键部位的载荷成为关键问题。

与中、小型风力发电机组不同，兆瓦级的风力发电机组在额定功率水平上，必须要考虑塔架的动态特性，这是由于它可能会对整机动态性能产生决定性的影响。在整机数学模型上，还要考虑由叶片、传动链和电网等动态特性产生的作用。由塔架、风力机、传动链、发电机和电网相互作用，呈现了既与风力发电机组内部变量，如风轮转速、机械负荷、功率因数等相关又与相互作用相关的复杂动态特性。通过变桨限制气动力矩，稳定功率输出，在并网过程中，变桨距控制实现快速无冲击并网。

大功率海上风力机组转动惯量很大，导致变桨控制系统作用延时，致使兆瓦（MW）级风机在应对风速的突然变化时的动态响应通常都是时间滞后的。这可能导致叶轮转速较大的波动和输出功率高于额定功率。由此提出了一种估计风速前馈控制策略。

在动态入流研究的基础上，通过测试发现随桨距角变化的风轮载荷会比采用平衡尾流气动分析的预测载荷要大很多。在早期桨距控制发展阶段，在对变速风机动力学模型进行变桨控制时，常常会出现控制环不稳定的现象。特别是出现在额定功率点附近。这是由较高的过程增益造成的，也就是说，由于动态入流的影响，气动转矩会影响桨距角变化的灵敏度。需要设计一种策略，对风力发电机组叶片变桨的动态尾流响应进行补偿。

近年来，大型尤其是兆瓦级以上的风电机组大都采用了变速变桨控制技术。变速变桨调节在风速低于额定风速时，采用的是变速控制，此时风能效率高于采用失速控制的风电机组的风能效率，具有优化的气动特性；在风速高于额定风速时，采用的是变桨距控制方式，通过桨距角的改变，从而改变作用在风轮上的气动扭矩，使功率保持在恒定值。变速变桨风力机的主要结构特点是：①输出功率平稳，变桨距风力发电机与定桨距风力发电机相比，具有在额定功率点上输出功率平稳的特点；②在额定点具有较高的风能利用系数；③在高风速段能维持在额定功率附近，变桨距风力发电机的桨叶节距角是根据发电机输出功率的反馈信号来确定的，不受气流密度的影响；④良好的启动性能与制动性能。变桨距风力发电机组在低风速时，桨叶桨距角可以转动到合适的角度，使风轮具有最大的动力矩，从而容易启动，当风力发电机需要脱离电网时，变桨距系统可以转动叶片以减小功率，在发电机与电网断开时，功率减小至零，避免了定桨距风力发电机上每次脱网时所要经历的突甩负载的过程；⑤低风速时能根据风速变化，在运行中保持最佳叶尖速比以获得最大风能；⑥高风速时利用风轮转速的变化，储存或释放部分能量，提高传动系统的柔性，使功率输出更加平稳。其具体控制流程见图 4.1。

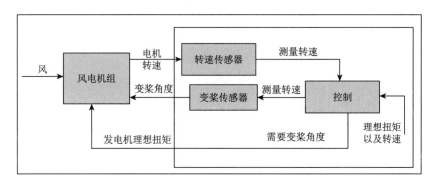

图 4.1　变速变桨距控制流程

4.1　风机最大风能捕获控制策略

对于变桨距风力机，通过调节桨距可使风力机功率系数（C_p）在额定风速以下最大限度地接近最佳值，从而捕获到最大的风能以得到较多的能量输出；超过额定风速以后，改变桨距减小 C_p 值，使输出功率保持在其额定值上。所以，为获得最大的风能利用，实际运行时最好通过调节桨距来保证风力机运行在最大功率曲线上。

基于此，在任何风速下，只要调节风力机转速，使其叶尖线速度与风速之比 λ 保持不变，且都满足 $\lambda = \lambda_{\text{opt}}$，就可以维持风力机在最大功率系数（$C_{p\max}$）下运行，这就是风力机最大风能捕获的运行原理。对风力发电机系统而言，输入机械转矩特性相当重要，与之相对应的是风力机的输出机械功率和转速的关系曲线。

图 4.2 表示的是变速变桨风力机的运行控制策略。设定一种风速，然后取不同的转速计算出相应的 λ，由图 4.3 查出对应的 C_p 值，计算可得到该风速下风力机输出机械功率和转速的关系曲线。设定不同的风速，重复上面的过程，就可以得到风力机在不同风速下风力机输出机械功率和转速的关系，这就是风力机输出机械功率特性曲线。

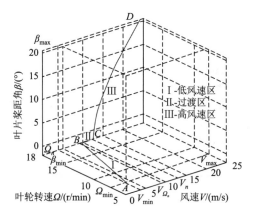

图 4.2　变速变桨风力机的运行控制策略

由图 4.3 可以看出，不同风速下风力机输出机械功率随风轮转速变化而变化，每一种风速下都存在一个最大输出功率点，对应于最大的功率系数 $C_{p\max}$。将各个风速下的最大输出功率点连接起来，就可以得到风力机输出机械功率的最佳曲线 P_{opt}。要使风力机运行在这条曲线上，必须在风速变化时及时调节转速，以保持最佳叶尖速比，风力机将会获得最大风能捕获，有最大机械功率输出。

$$P_{\text{opt}} = k_{\text{opt}}\omega_r^2 \tag{4.1}$$

其中，$k_{\text{opt}} = \dfrac{0.5\pi R^5 C_{p\max}}{\lambda_{\text{opt}}^3}$。

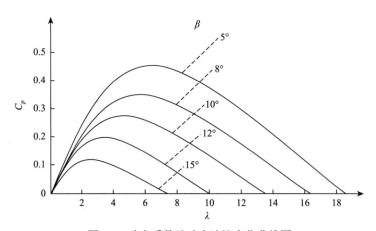

图 4.3　功率系数随叶尖速比变化曲线图

下面定性分析一下最大风能捕获过程。如图 4.4 所示，假设原来在风速 V_2 下风力机稳定运行在最优功率曲线 P_{opt} 的 B 点，对应着该风速下的最优转速 ω_2 和最优的机械功率 P_2，此时发电机输入的机械功率等于发电机系统输出的功率。如果某一时刻风速突然升高至 V_3，风力机马上就会由 B 点跳至 V_3 风速下功率曲线上的 D 点运行，其输出机械功率由 P_2 突变至 P_3。由于大的机械惯性作用和控制系统的调节过程滞后，发电机仍然运行在 B 点，此时发电机输入的机械功率大于发电机系统输出的功率。功率的不平衡，将导致发电机转速马上升高。在这个变化过程中，风力机和发电机将分别沿着 V_3 风速下功率曲线的 DC 轨迹和最优功率曲线的 BC 轨迹运行。当风力机和发电机分别运行至风力机功率曲线和最优功率曲线的交点 C 时，功率将重新达到平衡。此时，转速稳定在对应于风速 V_3 下的最优转速 ω_3，风力机输出最优的机械功率 P_3。同理，也可以分析风速从高到低变化时，最大风能捕获过程和转速的调节过程。

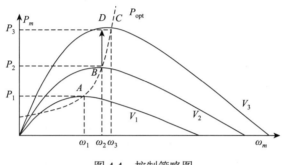

图 4.4　控制策略图

4.2　风机主动变桨控制策略

主动变桨可以在大于额定风速时限制功率，这种控制的实现通过将每个叶片的全部或者部分相对于叶片轴线方向进行旋转以减小攻角，同时也减小了升力系数，这一过程被称为顺桨。图 4.5 对这种控制策略进行了说明。

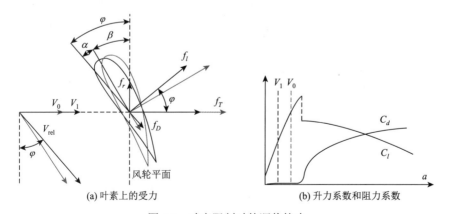

(a) 叶素上的受力　　　　　　　(b) 升力系数和阻力系数

图 4.5　功率限制时的顺桨策略

在图 4.5（a）中，风速 V_0 和 V_1（$V_1 < V_0$）产生的作用于叶片的力分别用灰色和黑色的矢量来表示。当风速从 V_1 增大到 V_0 时，气流与叶片之间的角度增大，相应地控制器通过改变桨距角 β 使入流角 φ 减小，此时升力系数 C_l 变小，同时阻力系数 C_d 增大。这样控制器调整升力 f_l 从而使叶片水平面的力 f_r 保持不变。从图 4.5 中也可以看出随着风速的增加，推力 f_T 反而减小。推力对风力机产生了气动载荷，因此，可以说这是这种控制方式的优点之一。而其缺点就是这种控制策略需要相当大的控制作用力，因为为了抵消功率的变化，桨距角的大幅度变动是无法避免的。在要求桨距角大幅变化的同时，变桨距系统的动作必须快速，以便将作用在风轮上的瞬间载荷限制在一个可以接受的范围。但是，由于叶片连续通过局部阵风区域，在叶片通过频率上，平滑功率波动并不总是有效的，因此需要采用优化的控制策略来消除这一点。

通过变桨距控制而获得的额外电能不是很多，与有相同额定功率的失速型风力机相比，在额定风速下，变桨距风力机需要更大的桨距角用来减小攻角从而接近额定风速时最大输出功率。

4.3　估计风速前馈控制环

由于变桨控制系统作用延时，兆瓦级风力机在应对风速的突然变化时的动态响应通常都是滞后的，这可能导致叶轮转速较大的波动和输出功率高于额定功率。前馈变桨控制可用来减小这些参数的波动。本节将介绍前馈变桨控制的完整设计步骤，其中包括：气动转矩预测、风速估计的三维表格、前馈变桨值的计算。通过对兆瓦级风力机的数值仿真，验证风速前馈控制环的有效性。

多数兆瓦级风力机对湍流的动态响应都是较慢的。在额定风速以上的区域，通过控制桨距角来保持叶轮转速在额定值，风速每一次改变，至少需要花费 2s 才能达到一个稳定值。这是由风轮转动惯量较大造成的，风速变化导致气动转矩的突然增加，但叶轮转矩转速不能瞬时变化。只有产生了转速误差，变桨执行机构才开始作用。由于变桨控制系统反应较慢，风轮转速波动较大，从而使功率调节出现问题。前馈变桨控制的应用可以改善这种状况。如果可以对风速进行预测，则可以计算前馈变桨值。前馈变桨对风机产生时间超前的变桨指令，降低了叶轮的转速波动，这也可能有利于降低叶片的机械负荷，提高风力发电机的功率调节性能。

本节将介绍前馈变桨控制器设计，并采用数值仿真方法对其进行验证。与 Hooft 等的前馈变桨速率的前馈机制结构不同，本节将介绍一种新的前馈变桨控制系统。为了应用前馈变桨控制，预先设计变速变桨控制器。前馈控制的性能采用变速变桨控制系统评估。如图 4.6 所示，图中表示了变速变桨控制系统的结构，其存在两个反馈环：电机转矩控制环和叶片变桨控制环。

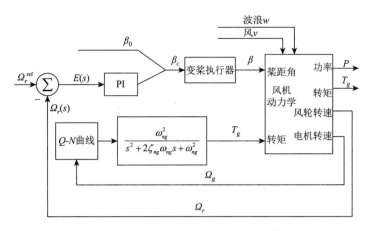

图 4.6　海上风电机组变速变桨控制系统图

4.3.1　电机模型、变桨执行模型和风力机动态模型

转换器与直流电容器连接，控制发电机的转矩，并进行发电机有功功率和无功功率的管理。发电机侧变流器主要负责转矩控制。从风力发电机控制系统设计角度来看，该发电机侧变流器模型已经满足要求。在一般情况下，下面的二阶动态系统用来表示发电机侧变流器的扭矩控制行动的整体行为：

$$\frac{T_g(s)}{T_g^c(s)} = \frac{\omega_{ng}^2}{s^2 + 2\zeta_{ng}\omega_{ng}s + \omega_{ng}^2} \tag{4.2}$$

其中，T_g^c 是电机需求转矩；ω_{ng} 是固有频率；ζ_{ng} 是电机动态阻尼比。桨距角的变化是由电动机或者液压马达来执行的，其模型可以表示为

$$\frac{\beta(s)}{\beta^c(s)} = \frac{1}{1 + \tau_p s} \tag{4.3}$$

其中，β^c 是需求桨距角；τ_p 是变桨执行的时间常数。为建立更为准确的变桨执行器模型，考虑其执行机构的饱和特性和变桨速率是必要的。如图 4.7 所示，一般情况下，对于典型的兆瓦级风机，桨距角的范围是 $-3° \sim 90°$，变桨速率是 $\pm 10°/s$。

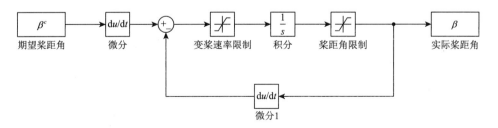

图 4.7　变桨执行器模型

图 4.8 代表了风力发电机的传动链动态模型。需要先进的计算机软件精确地模拟风力发电机组的动态特性。然而，图 4.8 中的传动链动态模型已能满足变速变桨控制系统的设计。该运动模型的主控方程为

$$\begin{cases} J_r \dfrac{\mathrm{d}\Omega_r}{\mathrm{d}t} = T_a - k_s\left(\theta_r - \dfrac{1}{N}\theta_g\right) - c_s\left(\Omega_r - \dfrac{1}{N}\Omega_g\right) - B_r\Omega_r \\ J_g \dfrac{\mathrm{d}\Omega_g}{\mathrm{d}t} = \dfrac{k_s}{N}\left(\theta_r - \dfrac{1}{N}\theta_g\right) + \dfrac{c_s}{N}\left(\Omega_r - \dfrac{1}{N}\Omega_g\right) - B_g\Omega_g - T_g \end{cases} \tag{4.4}$$

其中，J_r 和 J_g 分别为转子和电机的转动惯量；B_r 和 B_g 分别为低速轴和高速轴阻尼；k_s 和 c_s 分别为传动链刚度和阻尼比。θ_r 和 θ_g 以及 Ω_r 和 Ω_g 分别为风轮和电机转角、转速；T_a 指风作用于风轮上，而产生的气动转矩，可表示如下：

$$T_a = \frac{P}{\Omega_r} = \frac{1}{2}\rho\pi R^2 \frac{C_p(\lambda,\beta)}{\Omega_r}v^3 = \frac{1}{2}\rho\pi R^3\left(\frac{C_p(\lambda,\beta)}{\lambda}\right)v^2 \tag{4.5}$$

其中，P 是电机功率；R 是叶轮半径；C_p 是风机的功率系数。通过以上分析可知，C_p 是叶尖速比 λ 和桨距角 β 的函数。

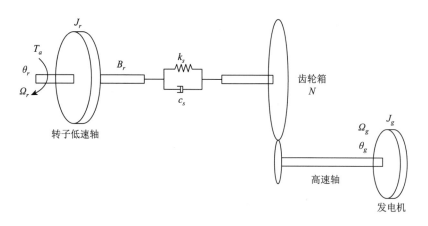

图 4.8   传动链动态模型

4.3.2   风速前馈控制环的建模与仿真

变桨控制环路的设计由图 4.9 中的 PI 增益来完成。即使这看起来很简单，因为风力发电机组动态的非线性特性，它不是直接的前馈。此外，变桨回路带宽，它几乎与变桨环增益传递函数的交叉频率相同，应设置适当的目标风力发电机。变桨环路带宽设置足够高以便提取湍流风风能，若设置太高反而使风力发电机组运行不稳定。

变桨闭环控制系统的设计是通过获得风力发电机组的工作点的线性动态运行。工作点是一组参数，即（v，β，Ω_r）完全是指定的风力发电机组的稳态运行点。稳态条件下这些参数之间的关系可从方程（4.6）得到：

$$\frac{T_a}{N} - \frac{B_r \Omega_r}{N} - B_g \Omega_g - T_g = \frac{1}{2N} \rho \pi R^3 \left(\frac{C_p(\lambda, \beta)}{\lambda} \right) v^2 - \frac{B_r \Omega_r}{N} - T_g = 0 \qquad (4.6)$$

根据风速区确定桨距角 β 或转子的转速 Ω_r。因此，对于一个给定的风速 v，这三个参数满足稳定状态方程代数关系式（4.6）。在开环运行点进行动态分析对 PI 变桨控制回路设计是至关重要的。总体而言，变桨输入特性以及叶轮转速输出符合一阶系统。但是，DC 的增益相差很大，取决于操作条件（即风速）。这些增益的变化，源于每个运行点的桨距角的有效性差异。

变桨的有效性，其定义为 $(\partial T_a / \partial \beta)_o$，它是个负数，这意味着气动转矩随桨距角的增加而减小。此外，随着风速增加，这个参数的幅值增大。根据上述结果提示，可得到 PI 变桨回路设计步骤。第一步是为满足变桨回路带宽要求的任何运行点的 PI 增益。下一步是设置增益调度系数——$k_g(\beta)$，其定义为

$$k(s) = k_P + k_I / s \Rightarrow k(s) = k_g(\beta)(k_P + k_I / s) \qquad (4.7)$$

变桨 PI 控制器的增益调度的必要性来自超过风速的变桨效益变化。图 4.9 显示了增益 k_g 随桨距角的变化规律，以满足上述提到的变桨有效性变化的要求，其中非常高的增益需要稳定在低桨距角（即在额定风速区域）。

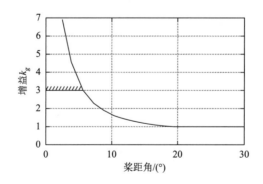

图 4.9　变速变桨风机的运行控制策略

4.4　动态入流补偿控制环

由于采用了基于叶素动量理论的平衡尾流模型，在处理桨距角快变过程中会过

高地计算风力机的气动载荷。原因在于 BEM 理论是一个准稳态模型，它假设叶片附近的气流始终处于平衡状态，无法反映入流的变化与叶片的响应之间存在的迟滞现象。动态尾流模型考虑了由叶片气动性能变化而引起入流速度变化的机理。该动态入流补偿是基于线性化固定尾迹气动理论模型的，其核心思想是运用一个被称为超前-滞后滤波器（Lead-Lag Filter）来修正承受气动转矩 T_m，以及推力 F_m 影响的桨距角。如图 4.10 所示为使用补偿器前后时间常数相对于桨距角的非线性曲线。

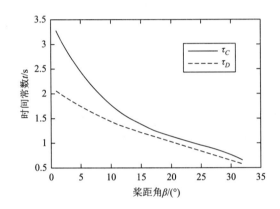

图 4.10　补偿器时间常数相对于桨距角的非线性曲线

风轮载荷的瞬间动态效应可由一阶超前滞后滤波器 H_X^{DI} 和传递函数描述：

$$H_X^{\mathrm{DI}}(s) = \frac{X^{\mathrm{DI}}(s)}{X^W(s)} = \frac{1 + \tau_{\mathrm{lead}}^X(V_w, \theta, \varOmega)}{1 + \tau_{\mathrm{lag}}^X(V_w, \theta, \varOmega)} \tag{4.8}$$

滤波器的输入气动转矩 T_m 或推力 F_m 是平衡尾流模型转换结果。滤波器的输出为受到动态入流影响作用的真实的风轮载荷。时间常数 τ_{lead}^X 和 τ_{lag}^X 随风速 V_w、桨距角 β、风轮转速 $\varOmega$ 的变化而变化。

该补偿策略采用逆动态入流模型超前-滞后滤波器，为了方便使用，规定时间补偿常数仅与低通滤波的桨距角相关。用于气动转矩补偿滤波的传递函数为

$$H_{Ta}^{\mathrm{DIC}}(s) = \frac{T_a^{\mathrm{DI}}(s)}{T_a^W(s)} = \frac{1 + \tau_{\mathrm{lag}}^{Ta}(\bar{\theta})}{1 + \tau_{\mathrm{lead}}^{Ta}(\bar{\theta})} \tag{4.9}$$

固定尾迹气动理论模型可用离散圆环表示，在升力系数曲线的线性区域，每个圆环的诱导行为由轴向诱导速度、圆环段的半径、弦长和风轮半径决定，其控制方程为

$$2\pi R\Delta R\rho \cdot 2R_b \cdot f_a \cdot F_{\mathrm{P}} \cdot \frac{\mathrm{d}}{\mathrm{d}t}(U_i)$$

$$= B \cdot \frac{1}{2}\rho \cdot c\Delta R \cdot K \tag{4.10}$$

$$\cdot \left(\arctan\frac{V_w - U_i}{\Omega R} - \theta\right) \cdot \Omega R \cdot \sqrt{(\Omega R)^2 + (V_w - U_i)^2} - 2\pi R\Delta R\rho F_{\mathrm{P}} U_i (V_w - F_{\mathrm{P}} U_i)$$

其中，F_{P} 为 Prandtl 叶尖修正系数，可由以下公式表示：

$$F_{\mathrm{P}} = \frac{4}{\pi^2}\arccos\left(\mathrm{e}^{-\frac{(R_b - R)\pi}{d}}\right) \cdot \arccos\left(\mathrm{e}^{-\frac{(R - R_{\mathrm{root}})\pi}{d}}\right) \tag{4.11}$$

系数 d 可以由以下公式表示：

$$d = \frac{2\pi R}{B} \cdot \frac{V_w - U_i}{\sqrt{(\Omega R)^2 + (V_w - U_i)^2}} \tag{4.12}$$

尾流调整系数 f_a 与尾流适应速度成正比，并随着圆环相对半径的增加而降低。

$$f_a(R / R_b) = \cfrac{2\pi}{\displaystyle\int_0^{2\pi} \cfrac{1 - \left(\cfrac{R}{R_b}\right)\cos\psi}{\left(1 + \left(\cfrac{R}{R_b}\right)^2 - 2\left(\cfrac{R}{R_b}\right)\cos\psi\right)^2}\mathrm{d}\psi} \tag{4.13}$$

则圆环相对应的轴向力和气动力矩的表达式为

$$F_{ax} = K' \cdot \left(\arctan\left(\frac{V_w - U_i}{\Omega R}\right) - \theta\right)\Omega R V_{\mathrm{rel}} \tag{4.14}$$

$$T_w = RK' \cdot \left(\arctan\left(\frac{V_w - U_i}{\Omega R}\right) - \theta\right)(V_w - U_i)V_{\mathrm{rel}} \tag{4.15}$$

其中，相对速度 $V_{\mathrm{rel}} = \sqrt{(\Omega R)^2 + (V_w - U_i)^2}$；系数 $K' = \frac{1}{2}\rho \cdot c\Delta R \cdot K$。

对轴向力和气动转矩进行线性化：

$$\delta F_{ax} = K_{f\theta}^{fr}\delta\theta + K_{fv}^{fr}\delta V_w + K_{fu}\delta U_i \tag{4.16}$$

$$\delta T_w = K_{f\theta}^{fr}\delta\theta + K_{fv}^{fr}\delta V_w + K_{fu}\delta U_i \tag{4.17}$$

于是得到动态入流在风轮上的轴向力和气动转矩为

$$\delta F_{ax} = B\sum_{n=1}^{N}\left(K_{f\theta}^{eq}\frac{\tau_{d_{f\theta}}\frac{\mathrm{d}}{\mathrm{d}t} + 1}{\tau_i\frac{\mathrm{d}}{\mathrm{d}t} + 1}\right)\delta\theta + \left(K_{fv}^{eq}\frac{\tau_{d_{fv}}\frac{\mathrm{d}}{\mathrm{d}t} + 1}{\tau_i\frac{\mathrm{d}}{\mathrm{d}t} + 1}\right)\delta V_w \tag{4.18}$$

$$\partial T_w = B\sum_{n=1}^{N}\left(K_{t\theta}^{eq}\frac{\tau_{d_{f\theta}}\dfrac{\mathrm{d}}{\mathrm{d}t}+1}{\tau_i\dfrac{\mathrm{d}}{\mathrm{d}t}+1}\right)\delta\theta+\left(K_{tv}^{eq}\frac{\tau_{d_{tv}}\dfrac{\mathrm{d}}{\mathrm{d}t}+1}{\tau_i\dfrac{\mathrm{d}}{\mathrm{d}t}+1}\right)\delta V_w \qquad (4.19)$$

其中，$K_{f\theta}^{eq}=K_{f\theta}^{fr}+K_{f\theta}\dfrac{B_{\theta}}{A}$；$\tau_{d_{f\theta}}=\dfrac{1}{A+B_{\theta r}K_{fu}/K_{f\theta}^{fr}}$；$\tau_i=\dfrac{1}{A}$。

4.5　最大功率跟踪控制设计

控制系统在风能转换系统中具有至关重要的作用，一个良好设计的风能转换系统应当具有高效的发电能力，保证良好的电能质量，并且能够降低空气动力学影响和降低机械载荷以提高装置的使用寿命。因此，控制系统对电力生产的成本有着直接的影响。

通过调节发电机转速，跟踪功率最优轨迹，在随机风速条件下得到最大功率系数，实现功率的最优化。目前已经有研究致力于通过施加适当的控制来捕获最大功率。例如，通过设计级联式非线性控制器跟踪期望转子转速来跟踪期望功率。在控制器的设计过程中假设了系统参数和空气动力学特性是可以得到的，但是这种假设在现实中很难满足。另外设计一种滑模功率跟踪控制器，将系统的空气动力学特性视为扰动，以简化控制设计，然而在这种假设下忽视了刚度的影响作用。

本书提出了一种自适应神经网络全局跟踪控制方法，实现对变速风机转速的跟踪控制。首先，建立了变速风机的非线性模型，并通过一种新型的系统转换方法，将非仿射的风能转换系统转换为仿射的严格反馈系统，使用神经网络观测器对不可得到的系统状态进行估计。然后，将自适应神经网络全局跟踪控制方法用于系统模型的局部控制器，并通过仿真验证该控制方法的有效性。

4.5.1　控制原理

风力发电机处于欠负荷状态下的控制目标就是通过调节发电机转速来调节捕获的风能。具体地说，就是对风能的最大功率捕获。对每一种风速，在给定的功率曲线上都会有一个对应的转速使得 C_p 达到最大值。所有的 C_p 最大值组合就形成了最优功率特性曲线（ORC），如图 4.11 所示。

通过让风机的静态工作点在最优功率特性曲线附近，可以得到一个稳定运行区域。相当于保持叶尖速比在最优值 λ_{opt}。如果知道叶尖速比 $\lambda(t)=\lambda_{\mathrm{opt}}$ 和风能最大利用系数 $C_p(\lambda_{\mathrm{opt}})=C_{p_{\max}}$，就可以从转速中获得一个定点进行有功功率优化控制。

$$P_{wt} = \frac{1}{2} C_p(\lambda) \rho \pi R^2 V^3 = \frac{1}{2} \cdot \frac{C_p(\lambda)}{\lambda^3} \rho \pi R^5 \Omega_l^3 \qquad (4.20)$$

如果令 $\lambda(t) = \lambda_{\text{opt}}$，$C_p(\lambda_{\text{opt}}) = C_{p_{\text{max}}}$ 则可以得到风速-功率曲线的功率参考形式：

$$P_{wt_{\text{opt}}} = K \Omega_{l_{\text{opt}}}^3 \qquad (4.21)$$

其中

$$K = \frac{1}{2} \cdot \frac{C_p(\lambda_{\text{opt}})}{\lambda_{\text{opt}}^3} \rho \pi R^5 \qquad (4.22)$$

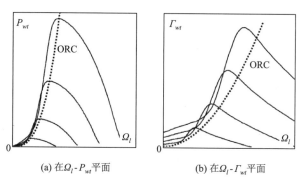

(a) 在 Ω_l-P_{wt} 平面　　　　　　　(b) 在 Ω_l-Γ_{wt} 平面

图 4.11　最优功率特性曲线

4.5.2　控制设计

1. 控制目标

自适应神经网络跟踪控制器的控制目标总结如下：

（1）将复杂的非线性非仿射风机模型通过一种新型的系统转换方法，转换为仿射的严格反馈系统；

（2）在跟踪误差非常小并保证稳定性的条件下，通过跟踪最优角速度 ω_r^* 来优化风能捕获；

（3）控制器能够有效地补偿风力发电机的未知参数以及空气动力学的不确定性影响。

2. 控制方案

具体控制框架如图 4.12 所示，首先建立风机机械和电气部分的完整的动态方程，并引入最大功率跟踪控制的控制输入，此时系统模型为非线性非仿射模型。对于非仿射模型，设计控制器的难度相对较大而且很难保证控制精度，因此需要将非仿射模型转换为仿射的严格反馈模型。在模型转换过程中，会引入一些新的系统状态变量，但是这些量是不可测量的，需要设计状态观测器对系统状态进行观测。基于观测到的系统状态，设计一种自适应跟踪控制器并验证控制器的稳定性，实现对风机转速的跟踪控制，进而实现风能的最大限度利用。具体流程如下：

（1）非仿射模型转换；

（2）系统模型状态观测；

（3）跟踪控制器设计；

（4）控制器稳定性验证。

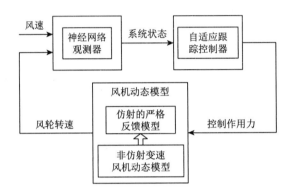

图 4.12　具体控制框架图

3. 系统转换和误差动态方程

根据风机系统动力学特性可得到以下公式：

$$J_r \dot{\omega}_r = T_a - K_r \omega_r - B_r \theta_r - T_{ls} \tag{4.23}$$

$$J_g \dot{\omega}_g = T_{hs} - K_g \omega_g - B_g \theta_g - T_g \tag{4.24}$$

$$n_g = \omega_g / \omega_r = T_{ls} / T_{hs} \tag{4.25}$$

其中，J_r 和 J_g 分别为转轴和发电机的惯性系数；K_r 和 K_g 分别为外部对转轴和发电机的阻尼常数；B_r 和 B_g 分别为转轴和发电机的刚度常数。由式（4.23）～式（4.25）可以得到

$$J_t \dot{\omega}_r = T_a - K_t \omega_r - B_t \theta_r - T_g \tag{4.26}$$

其中

$$J_t = J_r + n_g^2 J_g \tag{4.27}$$

$$K_t = K_r + n_g^2 K_g \tag{4.28}$$

$$B_t = B_r + n_g^2 B_g \tag{4.29}$$

对式（4.26）求导数，并定义如下变量：

$$x_1 = \omega_r \tag{4.30}$$

$$x_2 = \dot{\omega}_r \tag{4.31}$$

描述变速风力发电机机械和电气部分的完整的动态方程可以写为如下形式：

$$\dot{x}_1 = x_2 \tag{4.32}$$

$$J_t \dot{x}_2 = \dot{T}_a - K_t x_2 - B_t x_1 - U \tag{4.33}$$

$$L_s \dot{U} = -R_s U + \upsilon \tag{4.34}$$

其中，υ 为实际控制输入 u 对时间的微分，表示如下：

$$\dot{u} = \upsilon \tag{4.35}$$

这里引入状态变量 $\{s_1, s_2, s_3\}$，并进行如下转换。

步骤 1：定义新的变量 $s_1 = x_1 \triangleq b_1(x_1)$。

步骤 2：让 $s_2 = \dot{s}_1 = f_1(x_1, x_2) \triangleq b_2(\overline{x}_2)$，且 s_2 对时间的微分可以表示为

$$\dot{s}_2 = \dot{f}_1(x_1, x_2) = \frac{\partial f_1(x_1, x_2)}{\partial x_1} \dot{x}_1 + \frac{\partial f_1(x_1, x_2)}{\partial x_2} \dot{x}_2 \triangleq b_3(\overline{x}_2, U) \tag{4.36}$$

步骤 3：定义 $s_3 = \dot{s}_2 \triangleq b_3(\overline{x}_2, U)$，并取其对时间的微分：

$$\dot{s}_3 = \dot{b}_3(\overline{x}_2, U) = \frac{\partial b_3(\overline{x}_2, U)}{\partial x_1} \dot{x}_1 + \frac{\partial b_3(\overline{x}_2, U)}{\partial x_2} \dot{x}_2 + \frac{\partial b_3(\overline{x}_2, U)}{\partial U} \dot{U}$$
$$= f(\overline{x}_2, U) + g(\overline{x}_2, U)\upsilon \tag{4.37}$$

其中

$$f(\overline{x}_2, U) = \frac{\partial b_3(\overline{x}_2, U)}{\partial x_1} f_1(x_1, x_2) + \frac{\partial b_3(\overline{x}_2, U)}{\partial x_2} f_2(\overline{x}_2, U) - \frac{\partial b_3(\overline{x}_2, U)}{\partial U} R_s U \tag{4.38}$$

$$g(\overline{x}_2, U) = \frac{\partial b_3(\overline{x}_2, U)}{\partial U} \tag{4.39}$$

原系统（4.32）～（4.34）可以转换成如下形式：

$$\dot{s} = As + B(f(\overline{x}_2, U) + g(\overline{x}_2, U)\upsilon) \tag{4.40}$$

$$y = C^{\mathrm{T}}s \tag{4.41}$$

其中，$s = [s_1, s_2, s_3]^{\mathrm{T}}$；$A = \begin{bmatrix} 0 & 1 & 0 \\ 0 & 0 & 1 \\ 0 & 0 & 0 \end{bmatrix}$；$B = \begin{bmatrix} 0 \\ 0 \\ 1 \end{bmatrix}$；$C = \begin{bmatrix} 1 \\ 0 \\ 0 \end{bmatrix}$。

按照控制目标，定义转速跟踪误差为

$$e = \omega_r - \omega_r^* = y - y_d \tag{4.42}$$

假定 ω_r^* 是有界的。滤波后的跟踪误差定义为

$$\varepsilon = e^{(2)} + d_1 e^{(1)} + d_0 e \tag{4.43}$$

选取适当的 $d_j(j = 0,1,2)$ 使得多项式为赫尔维茨（Hurwitz）多项式。参考式（4.38）～式（4.41），滤波后的跟踪误差 ε 可以写为

$$\begin{aligned}
\dot{\varepsilon} &= e^{(3)} + d_1 e^{(2)} + d_0 \dot{e} \\
&= \dot{s}_3 - \omega_r^{*(3)} + d_1 e^{(2)} + d_0 \dot{e} \\
&= f(\overline{x}_2, U) + g(\overline{x}_2, U)\upsilon - \omega_r^{*(3)} + d_1 e^{(2)} + d_0 \dot{e} \\
&= F(\overline{x}_2, U) + g(\overline{x}_2, U)\upsilon + \eta \\
&= H(\overline{x}_2, U, \dot{\omega}_r^*, \omega_r^{*(2)}, \omega_r^{*(3)}) + g(\overline{x}_2, U)\upsilon \\
&= H + g\upsilon
\end{aligned}$$

（4.44）

$$H(\overline{x}_2, U, \dot{\omega}_r^*, \omega_r^{*(2)}, \omega_r^{*(3)}) = F(\overline{x}_2, U) + \eta \tag{4.45}$$

$$F(\overline{x}_2, U) = f(\overline{x}_2, U) + d_0 b_2(\overline{x}_2) + d_1 b_3(\overline{x}_2, U) \tag{4.46}$$

且 $\eta = -\omega_r^{*(3)} - d_1 \omega_r^{*(2)} - d_0 \dot{\omega}_r^*$ 为控制器设计的反馈部分。

4. 神经网络逼近

使用在线逼近器来处理未知的动力学参数，用一个双层神经网络作为在线逼近器。径向基函数神经网络（Radial Basis Function Neural Network，RBFNN）因其具有可以进行权重的局部调整、便于数学处理等一些理想的特征，所以在研究中得到了大量的关注和广泛的应用。RBFNN 可以表示为

$$\hat{H}(x) = \hat{W}^{\mathrm{T}}\phi(x) \tag{4.47}$$

$$\phi_i = g(\|x - c_i\|^2 / \sigma_i^2), \quad i = 1, 2, \cdots, n^* \tag{4.48}$$

其中，$x \in \mathbf{R}^{m_r}$ 为输入；$\phi = [\phi_1, \phi_2, \cdots, \phi_{n^*}]^{\mathrm{T}} \in \mathbf{R}^{n^*}$ 为隐藏层的输出；$\hat{H}(x) \in \mathbf{R}^{n_r}$ 为网络输出；$\hat{W} \in \mathbf{R}^{n_r \times n^*}$ 为权重矩阵；$c_i \in \mathbf{R}^{m_r}$ 和 $\sigma_i > 0$ 为第 i 个内核单元的中心点和宽度。在 RBFNN 中 $\|g\|$ 通常表示欧几里得范数。连续函数 $g:[0,\infty) \to \mathbf{R}$ 为激励函数，通常选用高斯函数 $g(u) = \exp(-u)$ 作为激励函数。

引理 4.1 对于连续函数 $H(x)$ 和有界闭集 Ω_x，通过 RBFNN 的估计能力，存在完善的 RBFNN 满足

$$H(x) = W^{\mathrm{T}}\phi(x) + \delta(x) \tag{4.49}$$

其中，$|\delta(x)| \leqslant \delta^*(x)$ 是估计误差。定义最优权重向量为

$$W^* = \arg\min_{W \in \mathbf{R}^{n_r \times n^*}} \left\{ \sup_{x \in \Omega_x} |W^{\mathrm{T}}\phi(x) - H(x)| \right\} \tag{4.50}$$

假设 4.1 逼近误差 $\delta(x)$ 是有界的，即 $|\delta(x)| \leqslant \delta_M$。其中，$\delta_M$ 是有界正常数。

5. 观测器设计

本节中设计了 RBFNN 观测器来解决新定义的状态 s_2、s_3 不可测的问题。首先考虑下面的 RBFNN 逼近：

$$f(\overline{x}_2, U) + g(\overline{x}_2, U)\upsilon = W_o^{\mathrm{T}}\phi(H_o) + \varepsilon_o \tag{4.51}$$

其中，W_o 为目标权重矩阵；$H_o=[\overline{x}_2,U,\upsilon]^\mathrm{T}$；$\varepsilon_o$ 为重构误差。这里有 $\|W_o\|\leqslant W_M^o$，$\|\phi(x)\|\leqslant\phi_M^o$，$|\varepsilon(x)|\leqslant\varepsilon_M^o$，其中 W_M^o、ϕ_M^o、ε_M^o 为未知正常数。根据式（4.40）和式（4.41），观测器的动态方程可以写为

$$\dot{\hat{s}}=A\hat{s}+B_o\hat{W}_o^\mathrm{T}\phi(H_o)+L(y-C^\mathrm{T}\hat{s}) \tag{4.52}$$

$$\hat{y}=C^\mathrm{T}\hat{s} \tag{4.53}$$

其中，$\hat{s}=[\hat{s}_1,\hat{s}_2,\hat{s}_3]$ 为观测器的状态向量；$L=[l_1,l_2,l_3]^\mathrm{T}$ 为观测器增益向量并满足使 $\overline{A}=A-LC^\mathrm{T}$ 为 Hurwitz 矩阵。$\hat{W}_o$ 的自适应率选择为

$$\dot{\hat{W}}_o=\varGamma_o(\tilde{y}\phi(H_o)-\sigma_o\hat{W}_o) \tag{4.54}$$

其中，$\varGamma_o=\varGamma_o^\mathrm{T}>0$ 为自适应增益矩阵；$\tilde{y}=y-\hat{y}$ 为输出估计误差；$\sigma_o>0$ 为常数。

定义状态估计误差为 $\tilde{s}=s-\hat{s}$。由式（4.47）、式（4.52），式（4.53）可以得到 $\tilde{s}$ 形式的动态方程为

$$\dot{\tilde{s}}=\overline{A}\tilde{s}+B_o\tilde{W}_o^\mathrm{T}\phi(H_o)+(B-B_o)W_o^\mathrm{T}\phi(H_o)+B\varepsilon_o \tag{4.55}$$

其中，$\tilde{W}_o=W_o-\hat{W}_o$ 为权重估计误差。为了构造向量 B_o，考虑类似代数 Riccati 方程：

$$\overline{A}^\mathrm{T}P+P\overline{A}+\beta P^2\leqslant-Q \tag{4.56}$$

其中，$\beta\in\mathbf{R}^+$；Q 为正定矩阵。由类似 Riccati 方程的特性可知，对于固定的 $\overline{A}$ 存在对称正定矩阵 P。为保证闭环系统的稳定性，选择 $B_o=P^{-1}C$。

6. 控制器设计和稳定性分析

为了简化控制器设计，利用 RBFNN：

$$\frac{F(\overline{x}_2,U)+\eta}{g(\overline{x}_2,U)}=W^\mathrm{T}\phi(x)+\delta \tag{4.57}$$

这里有 $\|W\|\leqslant W_M$ 且 $\|\phi(x)\|\leqslant\phi_M$。因此，设计如下的控制器：

$$\upsilon=-\frac{1}{g}(k\varepsilon+\hat{W}\phi) \tag{4.58}$$

其中，$k>0$ 为设计常数。定义估计误差为 $\tilde{W}=W-\hat{w}$，$\hat{w}$ 的自适应率为

$$\dot{\hat{W}}=\phi(x)\varepsilon-\sigma\hat{W} \tag{4.59}$$

其中，σ 为正常数。把式（4.58）代入式（4.44）得到

$$\dot{\varepsilon}=H(x)+g\left(-\frac{1}{g}(k\varepsilon+\hat{W}\phi)\right)=H(x)-k\varepsilon-\hat{W}\phi \tag{4.60}$$

选取如下李雅普诺夫函数：

$$V=\frac{1}{2}\varepsilon^2+\frac{1}{2}\tilde{W}^\mathrm{T}\tilde{W}+\tilde{s}^\mathrm{T}P\tilde{s}+\tilde{W}_o^\mathrm{T}\varGamma_o^{-1}W_o^\mathrm{T}=V_1+V_2 \tag{4.61}$$

其中，$V_1=\dfrac{1}{2}\varepsilon^2+\dfrac{1}{2}\tilde{W}^\mathrm{T}\tilde{W}$；$V_2=\tilde{s}^\mathrm{T}P\tilde{s}+\tilde{W}_o^\mathrm{T}\varGamma_o^{-1}W_o^\mathrm{T}$。

由于 V 是正定的，Γ_o 为正定矩阵，V_1 对时间的微分为

$$
\begin{aligned}
\dot{V}_1 &= \varepsilon\dot{\varepsilon} - \tilde{W}\dot{\hat{W}} \\
&= \varepsilon(H(x) - K\varepsilon - W\phi + \tilde{W}\phi) - \tilde{W}\dot{\hat{W}} \\
&= \varepsilon(\tilde{W}\phi + H(x) - W\phi - K\varepsilon) + \tilde{W}(\sigma\hat{W} - \phi(x)\varepsilon) \\
&= \varepsilon(\tilde{W}\phi + \delta - K\varepsilon) + \tilde{W}(\sigma\hat{W} - \phi(x)\varepsilon) \\
&= -k\varepsilon^2 + \tilde{W}\phi\varepsilon + \delta\varepsilon + \sigma\tilde{W}\hat{W} - \tilde{W}\phi\varepsilon \\
&= -k\varepsilon^2 + \delta\varepsilon + \sigma\tilde{W}\hat{W} \\
&= -k\varepsilon^2 + \delta\varepsilon + \sigma\tilde{W}W - \sigma\|\tilde{W}\|^2 \\
&\leqslant -k\varepsilon^2 + \delta_M|\varepsilon| + \sigma\|\tilde{W}\|W_M - \sigma\|\tilde{W}\|^2 \\
&\leqslant -k\varepsilon^2 + \delta_M|\varepsilon| + \sigma\|\tilde{W}\|W_M - \sigma\|\tilde{W}\|^2 \\
&\leqslant -k\varepsilon^2 + \delta_M|\varepsilon| + \sigma\|\tilde{W}\|W_M - \sigma\|\tilde{W}\|^2 \\
&\leqslant -\frac{k}{2}\varepsilon^2 - \frac{\sigma}{2}\|\tilde{W}\|^2 - \frac{k}{2}\varepsilon^2 + \delta_M|\varepsilon| - \frac{\sigma}{2}\|\tilde{W}\|^2 + \sigma\|\tilde{W}\|W_M \\
&\leqslant -\frac{k}{2}\varepsilon^2 - \frac{\sigma}{2}\|\tilde{W}\|^2 - \left(\sqrt{\frac{k}{2}}|\varepsilon| - \frac{\delta_M}{\sqrt{2k}}\right)^2 \\
&\quad + \frac{\delta_M^2}{2k} - \sigma\left(\sqrt{\frac{1}{2}}\|\tilde{W}\| - \frac{W_M}{\sqrt{2}}\right)^2 + \frac{\sigma}{2}W_M^2 \\
&\leqslant -\frac{k}{2}\varepsilon^2 - \frac{\sigma}{2}\|\tilde{W}\|^2 + \frac{\delta_M^2}{2k} + \frac{\sigma}{2}W_M^2 \\
&\leqslant -P_1V_1 + P_2
\end{aligned} \tag{4.62}
$$

其中，$P_1 = \min\{k, \sigma\}$；$P_2 = \dfrac{\delta_M^2}{2k} + \dfrac{\sigma}{2}W_M^2$ 为与 ε 无关的常数。由式（4.40）可以得到

$$
V(t) \leqslant \frac{P_2}{P_1} + \left(V(0) - \frac{P_2}{P_1}\right)\mathrm{e}^{-P_1t} \tag{4.63}
$$

V_2 对时间的微分为

$$
\begin{aligned}
\dot{V}_2 &= 2\tilde{s}^{\mathrm{T}}P\dot{\tilde{s}} - 2\tilde{W}_o^{\mathrm{T}}\Gamma_o^{-1}\dot{\hat{W}}_o^{\mathrm{T}} \\
&= 2\tilde{s}^{\mathrm{T}}P(\bar{A}\tilde{s} + B_o\tilde{W}_o^{\mathrm{T}}\phi(H_o) + (B - B_o)W_o^{\mathrm{T}}\phi(H_o) + B\varepsilon_o) \\
&= \tilde{s}^{\mathrm{T}}(P\bar{A} + \bar{A}^{\mathrm{T}}P)\tilde{s} + 2\tilde{y}\tilde{W}_o^{\mathrm{T}}\phi(H_o) - 2\tilde{W}_o^{\mathrm{T}}\Gamma_o^{-1}\dot{\hat{W}}_o^{\mathrm{T}} \\
&\quad + 2\tilde{s}^{\mathrm{T}}P((B - B_o)W_o^{\mathrm{T}}\phi(H_o) + B\varepsilon_o)
\end{aligned} \tag{4.64}
$$

由于 $\|W_o\| \leqslant W_M^o$，$\|\phi(x)\| \leqslant \phi_M^o$，$|\varepsilon(x)| \leqslant \varepsilon_M^o$，考虑如下不等式：

$$
\|(B - B_o)W_o^{\mathrm{T}}\phi(H_o) + B\varepsilon_o\| \leqslant \|(B - B_o)\|W_M^o\phi_M^o + \|B\|\varepsilon_M^o = \eta \tag{4.65}
$$

得到

$$2\tilde{s}^{\mathrm{T}}P((B-B_o)W_o^{\mathrm{T}}\phi(H_o)+B\varepsilon_o)\leqslant 2\tilde{s}^{\mathrm{T}}P\eta\leqslant \tilde{s}^{\mathrm{T}}P^2\tilde{s}+\eta^2 \tag{4.66}$$

由此得到 $\dot{V}_2$ 为

$$
\begin{aligned}
\dot{V}_2 &\leqslant \tilde{s}^{\mathrm{T}}(P\bar{A}+\bar{A}^{\mathrm{T}}P+P^2)\tilde{s}+2\tilde{y}\tilde{W}_o^{\mathrm{T}}\phi(H_o)-2\tilde{W}_o^{\mathrm{T}}\varGamma_o^{-1}\hat{W}_o^{\mathrm{T}}+\eta^2\\
&\leqslant \tilde{s}^{\mathrm{T}}(P\bar{A}+\bar{A}^{\mathrm{T}}P+P^2)\tilde{s}+2\sigma_o\tilde{W}_o^{\mathrm{T}}\hat{W}_o+\eta^2\\
&\leqslant \tilde{s}^{\mathrm{T}}(P\bar{A}+\bar{A}^{\mathrm{T}}P+P^2)\tilde{s}+\eta^2+2\sigma_o\tilde{W}_o^{\mathrm{T}}(W_o-\tilde{W}_o)\\
&\leqslant \tilde{s}^{\mathrm{T}}(P\bar{A}+\bar{A}^{\mathrm{T}}P+P^2)\tilde{s}+\eta^2+2\sigma_o(\|W_o\|-\|\tilde{W}\|_o)
\end{aligned}
\tag{4.67}
$$

由式（4.57），并选取 $\beta=1$，得到

$$\dot{V}_2\leqslant -\tilde{s}^{\mathrm{T}}Q\tilde{s}-2\sigma_o\|\tilde{W}\|_o+\varLambda \tag{4.68}$$

其中

$$\varLambda=\eta^2+2\sigma_o\|W_o\|$$

由此，当 $\|\tilde{s}\|\notin \varOmega_{\tilde{s}}\left\{\tilde{s}\mid\|\tilde{s}\|\leqslant \sqrt{\dfrac{\varLambda}{\lambda_{\min}(Q)}}\right\}$ 或者 $\|\tilde{W}_o\|\notin \varOmega_{\tilde{W}_o}\left\{\tilde{W}_o\mid\|\tilde{W}_o\|\leqslant \sqrt{\dfrac{\varLambda}{\sigma_o}}\right\}$ 时，$\dot{V}_2$ 为负的，其中 $\lambda_{\min}(Q)$ 为 Q 的最小特征值。

根据李雅普诺夫拓展定理，$\tilde{s}$、ε 和 $\tilde{W}$ 最终一致有界。由于 $\hat{W}=W-\tilde{W}$ 和 W 是有界的，得到 $\hat{W}$ 也是有界的。由于 $\varepsilon=e^{(2)}+d_1e^{(1)}+d_0e$，$d_1$、$d_0$、$\varepsilon$ 均是有界的，得到 e 也是有界的。根据 $e=y-y_d$，可知 y 是有界的。此外，由于激励函数 $\phi(x)$ 是有界的，考虑式（4.37），得到控制 υ 是有界的。因此，由式（4.13）可知信号 u 是有界的。由于 $x_1=s_1$，所以状态 x_1 是有界的。由 s_2 是有界的且 $\partial b_2(\bar{x}_2)/\partial x_2>0$，基于定义 $s_2=b_2(\bar{x}_2)$ 得到 x_2 是有界的。

7. 仿真研究

本节中为了验证所提出的自适应神经网络控制器的可行性，基于 5MW 漂浮式风力机进行了一系列的仿真。仿真实验是基于 MATLAB/Simulink 进行的。图 4.13（a）和图 4.13（b）给出了具体的控制方法仿真图以及风机的气动仿真图。

图 4.14 所示为由 Turbsim 产生的湍流风，平均风速为 8m/s。为了验证自适应神经控制算法在大型风机的转速跟踪控制应用中的有效性，与传统的 PI 控制算法进行比较。图 4.15 是采用不同控制算法时风轮的转速对比，由图可以看出自适应神经全局跟踪控制相比传统 PI 控制效果更佳。图 4.16 给出了跟踪误差，由图可以看出自适应控制的跟踪误差较小，可以很好地实现转速跟踪进而实现最大功率跟踪控制。图 4.17 和图 4.18 分别是测得的发电机转矩和功率，由图可以看出自适应跟踪控制方法可以有效减弱发电机的转矩振荡并实现功率的平稳输出。综合以上结果和分析，自适应神经网络跟踪控制在保证功率平稳输出的情况下可以很好地实现对转速的跟踪，具有非常好的控制性能。

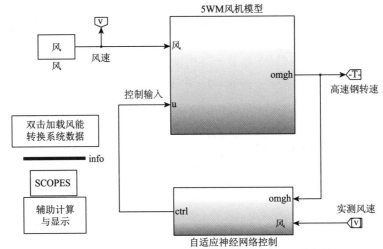

(a) 自适应跟踪控制

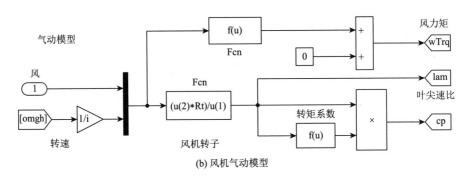

(b) 风机气动模型

图 4.13　自适应跟踪控制以及风机气动模型

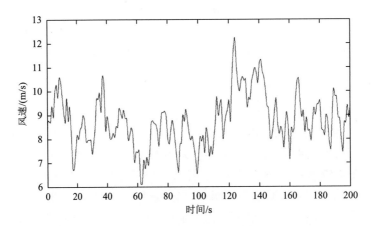

图 4.14　风速与时间的关系

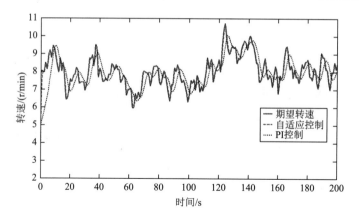

图 4.15　风轮转速

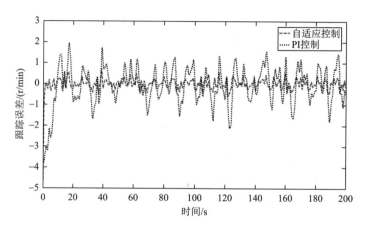

图 4.16　跟踪误差

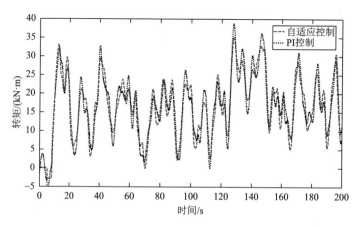

图 4.17　转矩

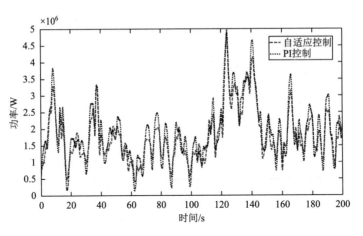

图 4.18　功率

第 5 章　漂浮式风电机组载荷控制建模与仿真

结构振动控制主要有三种模式：被动结构振动控制、半主动结构振动控制以及主动结构振动控制。被动结构振动控制系统的特点是，控制参数不变，系统没有能量输入；半主动结构振动控制方法也可以用来减轻结构响应，相对被动结构振动控制系统，半主动结构振动控制系统的参数可随时调整，具有更高的灵活度和更可靠的性能。在某些情况下，半主动结构振动控制系统采用反馈控制来调整策略以响应结构体的运动；主动结构振动控制最为复杂，它由一个质量块和一个驱动器组成，驱动器提供作用在质量块上的恢复力和阻尼力。控制算法利用传感器测量到的结构响应、激励以及其他信号来决定作用在质量块上的力的大小。漂浮式海上风机系统承受的外部载荷复杂多变，平台结构也比较复杂，利用被动结构振动控制技术来实现减振控制往往很难达到预期的效果。主动结构振动控制在被动结构振动控制的基础上，为解决漂浮式平台和塔架系统的振动控制问题提供了新的方法。主动控制主要是根据结构振动系统实时的激励以及结构响应，计算出合理的控制力，通过执行机构作用于结构振动控制系统，进而减小系统的振动响应，达到预期效果。变速风电机组传动链中的扭转共振和塔架共振，不仅导致齿轮箱产生较大的转矩振动，对齿轮箱的设计与维护提出更高要求，而且由于海上风电机组塔架不仅受到气动载荷的作用，同时还要承受较大的波浪载荷的影响。如何降低塔架前后和侧向振动，也成为设计海上风机重要的因素。通常可以通过机械方法，如通过弹性连接件和支撑件增加传动链阻尼等，但是这样会增加成本，并且由于风电机组自身阻尼非常小，效果并不理想。本节在原有桨距和转矩控制的基础上，提出了加速度反馈、阻尼滤波等增大系统等效阻尼的优化控制策略。

5.1　调谐质量阻尼器控制

近些年，结构振动控制一直是非常热门的领域。其研究目的是保护结构体免于受到风、波浪、地震等载荷的伤害。

传统的被动控制技术不依靠外部提供能量，如动力吸振、耗能阻振等。基本原理就是通过结构间的相互运动来提供作用力，达到结构的减振控制目的。一个简单的被动结构振动控制系统的例子是一个调谐质量阻尼器（Tuned Mass Damper，TMD），其被设计用来吸收整个结构在某一自然频率下的能量。半主动结构振动控制方法也可以用来减轻结构响应，相对被动结构振动控制系统，半主动结构振动控制系统的参数可随时调整，具有更高的灵活度和更可靠的性能。在某些情况下，半主动结构振动控制系统采用反馈控制来调整策略以响应结构体的运动。当然，半主动结构振动控制系统需要附加传感器来检测结构响应，并设计一种控制算法来调整控制策略中的可变参数。

　　针对漂浮式风机运动和减载控制已有许多研究方法。将主动结构振动控制技术应用于漂浮式风电系统中是一个比较新的课题。目前，考虑被动结构振动控制方法的研究比较多，对半主动以及主动控制方法研究相对较少。

5.1.1　NREL 5MW 风机

　　本书采用美国国家可再生能源实验室（National Renewable Energy Laboratory，NREL）设计的 5MW Barge 型漂浮式风力机，漂浮式基础结构如图 1.4 所示。其机组及浮动平台的主要参数如表 5.1、表 5.2 所示。

表 5.1　5MW 风机参数

参数	大小/属性
额定功率/MW	5
风机配置	上风向
运行模式	变速变桨
传动方式	直驱
转子直径/m	126
轮毂直径/m	3
切入风速/(m/s)	3
额定风速/(m/s)	12
切出风速/(m/s)	25
转子质量/kg	110000
机舱质量/kg	240000
塔架质量/kg	347460
塔架高度/m	87.6

表 5.2　Barge 式浮动平台的主要参数

参数	大小
平台几何尺寸/m	5
吃水深度/m	4

续表

参数	大小
质量/kg	5452000
排水量/m³	6000
锚链数量/条	8
布锚深度/m	150
布锚半径/(m/s)	423.4
锚链拉伸刚度/kN	589000

5.1.2　配置 TMD 的风力机结构动力学模型

调谐质量阻尼器是一种由弹簧、质量块和阻尼器组成的减振系统。将 TMD 应用于风机机舱中用来调节漂浮式风机的机械载荷，通过调节阻尼器与风机之间质量、频率和阻尼关系达到优化阻尼器设计的目的，最终实现阻尼器最大限度地吸收振动能量，减轻机组的振动载荷。

对于包含 p 个广义坐标系的风力发电整机系统，式（5.1）给出了利用凯恩（Kane）动力学方程表达系统的运动方程，其中 F_i 表示每个自由度的广义驱动力，F_i^* 表示每个自由度的广义惯性力。

$$F_i + F_i^* = 0, \quad i = 1, 2, \cdots, P \tag{5.1}$$

广义驱动力 F_i 和广义惯性力由方程（5.2）和方程（5.3）表示：

$$F_i = \sum_{r=1}^{W} {}^E\upsilon_i^{X_r} \cdot F^{X_r} + {}^E\omega_i^{N_r} \cdot M^{N_r}, \quad i = 1, 2, \cdots, P \tag{5.2}$$

$$F_i^* = \sum_{r=1}^{W} {}^E\upsilon_i^{X_r} \cdot (-m_r \, {}^E\alpha^{X_r}) + {}^E\omega_i^{N_r} \cdot (-{}^E\dot{H}^{N_r}), \quad i = 1, 2, \cdots, P \tag{5.3}$$

其中，W 表示刚体数量；N_r 表示参考坐标系；M_r 表示质量；X_r 为质量中心位置；F^{X_r} 与 M^{N_r} 分别表示 X_r 处的驱动力和力矩；${}^E\alpha^{X_r}$ 表示质量中心处加速度；${}^E\dot{H}^{N_r}$ 表示刚体在质量中心点角动量的一阶导数；${}^E\upsilon_i^{X_r}$ 表示质量中心点的速度；${}^E\omega_i^{N_r}$ 为角速度。

驳船式漂浮式支撑结构的被动单自由度 TMD 系统最优参数需要通过参数研究来确定。本章只考虑浮式基础的前后摇摆模式以及系统载荷，侧向摇摆的疲劳载荷相对前后摇摆的疲劳载荷较小，因此没有考虑侧向摇摆载荷。配置了 TMD 后，风机在原有模型中耦合了新的自由度，图 5.1 给出了耦合纵向自由度的风机模型。耦合模型多了与 TMD 相关的驱动力和惯性力。

式（5.4）～式（5.6）表示平台、塔架和 TMD 的运动方程：

$$I_p\ddot{\theta}_p = -d_p\dot{\theta}_p - k_p\theta_p - m_pgR_p\theta_p + k_t(\theta_t - \theta_p) + d_t(\dot{\theta}_t - \dot{\theta}_p) \tag{5.4}$$

$$I_t\ddot{\theta}_t = m_tgR_t\theta_t - k_t(\theta_t - \theta_p) - d_t(\dot{\theta}_t - \dot{\theta}_p) - k_{\text{TMD}}R_{\text{TMD}}(R_{\text{TMD}}\theta_t - x_{\text{TMD}}) \\ - d_{\text{TMD}}R_{\text{TMD}}(R_{\text{TMD}}\dot{\theta}_t - \dot{x}_{\text{TMD}}) - m_{\text{TMD}}g(R_{\text{TMD}}\theta_t - x_{\text{TMD}}) \tag{5.5}$$

$$m_{\text{TMD}}\ddot{x}_{\text{TMD}} = k_{\text{TMD}}(R_{\text{TMD}}\theta_t - x_{\text{TMD}}) + d_{\text{TMD}}(R_{\text{TMD}}\dot{\theta}_t - \dot{x}_{\text{TMD}}) + m_{\text{TMD}}g\theta_t \tag{5.6}$$

其中，R 表示塔架到下标所示对象质量中心的距离；x_{TMD} 表示到塔基中心的水平距离；下标为 p 表示平台的自由度；Barge 的弹性常数为 k_p，表示静液恢复力矩和系缆刚度的和；阻尼常数为 d_p，包括波辐射和黏性阻尼等多个水动力阻尼。这些参数都具有非线性特性，因此在假设的线性阻尼常量模型中增加了一些不确定性。为简化运动模型建立过程，式（5.4）～式（5.6）均只考虑风力机在前后即 x 方向产生角度和位移。

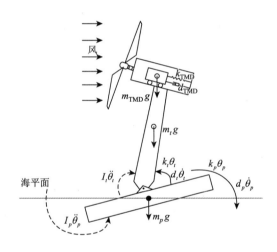

图 5.1　配置 TMD 的浮动风力机受控动力学模型

5.1.3　TMD 被动控制参数优化研究

本节主要研究 TMD 系统的参数优化，一个被动 TMD 系统只有一个自由度，本节讨论的参数仅为风机系统中的关键自由度。以往关于驳船式模型载荷和运动的研究，已经选出引起系统较大载荷的影响因子，文献[33]作为主要参考来选择调整 TMD 参数的主要影响因素。本节主要考虑了风机系统的三种运动模式，包括平台俯仰运动、TMD 和塔架的一节正向弯曲模式。由于主要致力于减载控制，主要考虑波浪的作用力，而在系统建模和阻尼控制器设计时忽略了风对塔架的作用力。对于浮式平台，仅考虑俯仰运动。

因为驳船式风机的载荷响应主要以平台俯仰运动和塔架的一节正向弯曲振动为主，该振动主要是风机纵向振动，因此仅考虑在风机机舱内安装纵向 TMD 系统，然后研究参数优化问题。参照文献[33]，通过参数研究得到被动 TMD 具体参数，TMD 的质量为 4000kg。选取 TMD 的自然频率为 0.08Hz，与平台俯仰和塔架前后弯曲振动的平率相同，进而计算出 TMD 弹性刚度。根据塔尖前后位移的标准偏差计算阻尼器的阻尼系数。TMD 的最优参数见表 5.3。

表 5.3　Barge 式风机 TMD 最优参数表

参数	大小
质量/kg	4000
弹性刚度/(N/m)	5274
阻尼值/(N·s/m)	10183
自然频率/Hz	0.08
阻尼比	0.45
TMD 运动范围/m	±8

5.1.4　主动控制器设计

在建立系统模型之前，首先确定系统的输入和输出。模型包含两个输入信号，分别是：作用于 TMD 质量块的外力 f_a，作用于漂浮式平台的波浪的高度 WaveElev。f_a 是 TMD 系统的控制输入，WaveElev 是控制系统的外部干扰。模型输出信号包括以下三个信号：漂浮式平台的俯仰角加速度 PtfmA、塔尖前后方向的平移加速度 TwrTA，以及塔基俯仰力矩 TwrBM。前两个输出信号利用加速度传感器测得，第三个信号是被控信号，主要代表塔架的承受载荷。模型输入和输出表示如下：

$$u = \begin{bmatrix} \text{WaveElev} \\ f_a \end{bmatrix}, \quad y = \begin{bmatrix} \text{PtfmA} \\ \text{TwrTA} \\ \text{TwrBM} \end{bmatrix}$$

为了建立驱动器模型，需要在 TMD 和塔架的运动方程中增加一个外力项。改进的系统运动方程如下：

$$I_p \ddot{\theta}_p = -d_p \dot{\theta}_p - k_p \theta_p - m_p g R_p \theta_p + k_t(\theta_t - \theta_p) + d_t(\dot{\theta}_t - \dot{\theta}_p) \quad (5.7)$$

$$I_t \ddot{\theta}_t = m_t g R_t \theta_t - k_t(\theta_t - \theta_p) - d_t(\dot{\theta}_t - \dot{\theta}_p) - k_{TMD} R_{TMD}(R_{TMD}\theta_t - x_{TMD})$$
$$- d_{TMD} R_{TMD}(R_{TMD}\dot{\theta}_t - \dot{x}_{TMD}) - m_{TMD} g(R_{TMD}\theta_t - x_{TMD}) - R_{TMD} f_a \tag{5.8}$$

$$m_{TMD}\ddot{x}_{TMD} = k_{TMD}(R_{TMD}\theta_t - x_{TMD}) + d_{TMD}(R_{TMD}\dot{\theta}_t - \dot{x}_{TMD}) + m_{TMD} g\theta_t + f_a \tag{5.9}$$

为了研究驱动力对结构响应的影响，采用频域分析法对上述模型进行分析，对式（5.7）～式（5.9）进行拉普拉斯变换，得到

$$I_b s^2 \Theta_b = -d_b s\Theta_b - k_b\Theta_b - m_b g\Theta_b + k_t(\Theta_t - \Theta_b) + d_t s(\Theta_t - \Theta_b) \tag{5.10}$$

$$I_t s^2 \Theta_t = m_t g R_t \Theta_t - k_t(\Theta_t - \Theta_b) - d_t s(\Theta_t - \Theta_b) - k_{TMD} R_{TMD}(R_{TMD}\Theta_t - X_{TMD})$$
$$- d_{TMD} R_{TMD} s(R_{TMD}\Theta_t - X_{TMD}) - m_{TMD} g(R_{TMD}\Theta_t - X_{TMD}) - R_{TMD} F_a \tag{5.11}$$

$$m_{TMD} s^2 X_{TMD} = k_{TMD}(R_{TMD}\Theta_t - x_{TMD}) + d_{TMD} s(R_{TMD}\Theta_t - \dot{x}_{TMD}) + m_{TMD} g\Theta_t + F_a \tag{5.12}$$

主动控制利用电机产生控制力，电机模型为永磁直流电机。

$$\dot{T}_m = -\frac{R_a}{L_a} - \frac{K_b K_i K_g}{L_a r_m^2}\dot{x}_{TMD} + \frac{K_i}{L_a}V_t \tag{5.13}$$

其中，R_a 是电机电枢电阻；L_a 是电感；T_m 是电机转矩；$\dot{x}_{TMD}$ 表示阻尼器质量块的速度；V_t 是外施电压；K_b、K_i 分别表示反电动势常数、电机转矩常量；K_g、r_m 分别表示齿轮比和齿轮半径，将电机旋转转换成线性运动。具体参数值如表 5.4 所示。

表 5.4　TMD 控制电机参数

参数	大小
K_i /(N·m/A)	1.2
K_b /(V/s)	1.27
K_g	1
R_a /Ω	0.0099
r_m /m	0.15
L_a /H	0.00073

作用在质量块上的外力 f_a 由以下公式给出：

$$f_a = \frac{T_m K_g}{r_m} \tag{5.14}$$

结合式（5.14）与式（5.13）可以得到

$$\dot{f}_a = -\frac{R_a}{L_a}f_a - \frac{K_b K_i K_g^2}{L_a r_m^2}\dot{x}_{TMD} + \frac{K_i K_g}{L_a r_m}\upsilon_t \tag{5.15}$$

对其进行拉普拉斯变换：

$$sF_a = -\frac{R_a}{L_a}F_a - \frac{K_b K_i K_g^2}{L_a r_m^2}sx_{\text{TMD}} + \frac{K_i K_g}{L_a r_m}V_t \qquad (5.16)$$

结合式（5.10）～式（5.12）以及式（5.16）可以得到系统的传递函数，包括电机电压到电机作用力的传递函数 G_1，电机作用力到漂浮式平台的俯仰角加速度 PtfmA 和塔尖前后方向的平移加速度 YawTA 之间的传递函数 G_2，以及电压到漂浮式平台的俯仰角加速度 PtfmA 和塔尖前后方向的平移加速度 YawTA 的传递函数 G_3，如图 5.2 所示。系统整体控制框架图如图 5.3 所示。

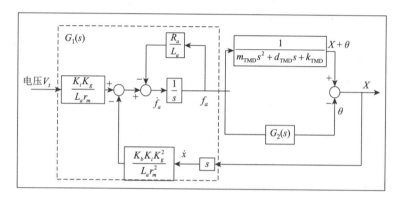

图 5.2　控制系统反馈路径

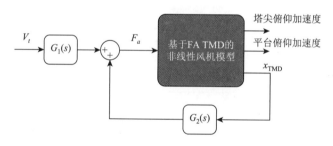

图 5.3　系统结构振动控制框架图

5.1.5　仿真分析

本小节采用美国国家可再生能源实验室的 FAST 软件、Turbsim 软件，与 MATLAB/Simulink 实现联合仿真。风力发电机模型所需的湍流风数据由 Turbsim 软件产生。空气动力学数据，浮台的水动力学数据以及风机的结构动力学数据由 FAST 计算产生。在设计控制器时，可以基于 FAST 软件，利用 Fortran 语言或 C＋＋编写动态链接库。FAST 软件的整机控制系统包括转矩控制系统、偏航控制系统、变桨控制系统以及基于 TMD 减载控制系统，如图 5.4 和图 5.5 所示。本节的主要内容是基于 FAST-SC 仿真平台，评估在风和浪载荷下被动和主动控制系统对风机的性能影响。所有仿真都在以 FAST 模块为基础在 Simulink 环境下执行，仿真时间为 200s。仿真所用的风速由 Turbsim 产生，平均风速为 12m/s。针对风机机舱中无 TMD、被动控制 TMD 以及主动控制 TMD 分别进行了仿真验证。

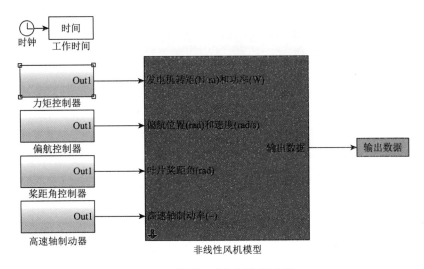

图 5.4　海上风电机组控制系统

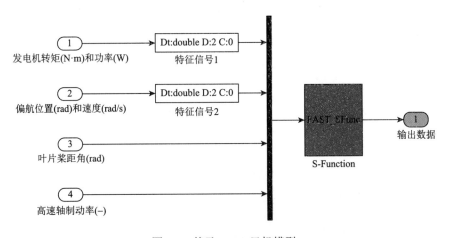

图 5.5　基于 FAST 风机模型

首先利用 Turbsim 软件产生一组时间为 200s 的湍流风数据，在 x 轴方向的湍流风分量分别如图 5.6 所示，波浪的变化范围是±3m，图 5.7 给出仿真实验中海况的波浪变化情况。

采用结构振动控制的根本目的就是提高风机结构的可靠性。衡量一个结构振动控制器的好坏主要在于其减少载荷的性能。本节仅考虑风机在 x 轴方向的结构响应。将 Turbsim 软件产生的湍流风数据，以及波浪数据放入 FAST 输入文件中，结合设计的控制器与 MATLAB/Simulink 实现联合仿真。图 5.8～图 5.13 给出了仿真结果。这些图给出了在 200s 时间内，风机在承受风载荷和波浪载荷作用下的平台俯仰角，平台在 x、y 轴方向的位移、塔尖前后摇摆的位移以及 TMD 的运动位移。从图中可以看出，使用 TMD 的漂浮式风机，其结构响应明显提高。图 5.8 显示，TMD 在减小平台俯仰角中的作用非常大，保证了平台的平稳。图 5.9 显示，TMD 在减小平台 x 轴方向的漂移有明显的抑制作用。图 5.13 可以看出，主动 TMD 的动作范围明显大于被动 TMD。与无 TMD 相比，被动 TMD 减小了风机 10%左右的 x 轴方向疲劳载荷，主动 TMD 减小了风机 30%～34%的 x 轴方向疲劳载荷。

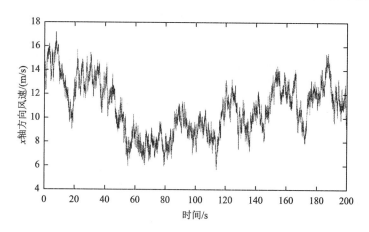

图 5.6　x 轴方向的湍流风

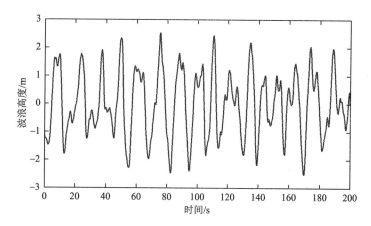

图 5.7　作用在风机上的波浪高度

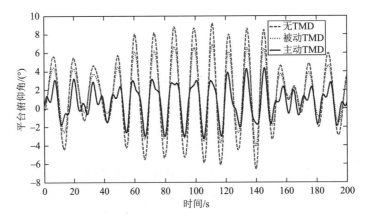

图 5.8 平台在载荷作用下的俯仰角度

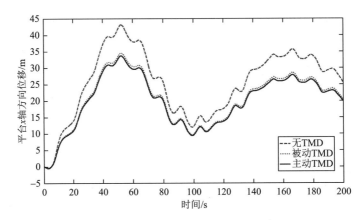

图 5.9 平台在载荷作用下的 x 轴方向位移

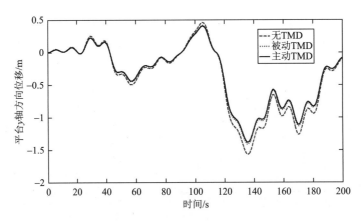

图 5.10 平台在载荷作用下的 y 轴方向位移

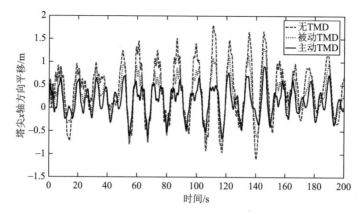

图 5.11　塔架在载荷作用下的 x 轴方向塔尖位移

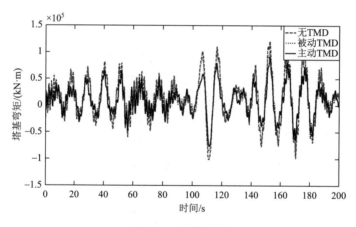

图 5.12　塔基弯矩

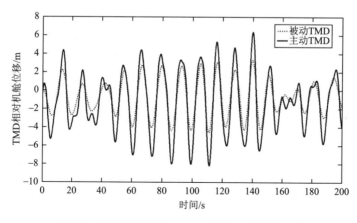

图 5.13　载荷作用下的 TMD 在机舱 x 轴方向位移

5.2 双阻尼减载控制

随着技术的进步和成本的下降，全球海上风电市场规模在迅速扩张。根据前瞻产业研究院发布的《2018—2023 年中国海上风力发电行业发展前景预测与投资策略规划分析报告》的统计数据，2011~2018 年全球海上风电装机容量在持续上升。全球海上风电产业逐步扩张，海上风能正在逐渐向世界主流能源迈进。国内在 2016 年发布的《中国制造 2025—能源装备实施方案》规划中明确指出重点支持海上风电装备中"卡脖子"的大功率、漂浮式风电机组及各种基础结构的研发装备项目。

海上漂浮式风电的发展，使得对减载控制的要求也越来越高。目前在主被动减载结构振动控制方面，近年来已有部分结构振动控制方法得到了成功的应用。其中较为普遍的是采用主动阻尼、半主动阻尼和被动阻尼的振动能量耗散方法，降低漂浮式风电机组的系统载荷。虽然被动控制技术在特定环境下对阻尼器参数进行精细微调时可以起到很好的作用，但由于环境或系统的变化，尤其是在深海恶劣环境中，它们则可能会失去其有效性并产生失谐效应。与被动控制不同的是，半主动控制可以根据频率含量、振幅等振动力的性质在时域内实时调整系统的特性，而主动控制则可以保证在不同的工作环境下都是有效的。Brodersen 等提出采用主动调谐质量阻尼器（Active Tuned Mass Damper，ATMD）对固定式海上风电机组进行结构振动控制，其中附加的主动控制力是由风电机组塔架本身运动和阻尼器的运动来提供的。

大多数的漂浮式风电机组主动阻尼器减载结构振动控制方法仅考虑将阻尼器安装在机舱中的情形。由于机舱本身大小有限，阻尼器只能在较小的范围内运动，所以这种方法对质量块及阻尼器的作用范围有较大的限制。本节针对单个阻尼器难以在大风浪负载下提供足够的减载控制效果的情况下，提出了同时在机舱以及漂浮式平台中安装主动阻尼器的减载控制结构，利用 FAST-SC 风电机组仿真平台，在多个不同的负载下进行了仿真计算，发现同时在机舱和浮台中安装主动阻尼器能够相对于安装单个阻尼器提高减载控制效果。

5.2.1 双阻尼器减载结构建模

随着海上漂浮式风力发电机的单台发电功率越来越大，风电机组本身也变得越来越大，其受到的载荷也随之增大，变桨控制已经不能满足大功率大动态范围漂浮式风力发电机减载控制的要求。对于大动态范围的漂浮式风电机组，在其结构中引入多个阻尼器结构进行减载控制能够有效地进一步降低风电机载荷。

本节针对驳船式漂浮式风力机进行减载控制的研究，其结论也可扩展到其他风力机如柱形浮筒式风力机上。图 5.14 所示为一个驳船式风力机的示意图。

为了能够有效地进一步降低漂浮式风电机组的载荷，本节提出了一种同时在机舱与漂浮式平台中安装调谐质量阻尼器的方法，两个阻尼器共同对整个漂浮式风电机组起到降低载荷的作用。主动调谐质量阻尼器和阻尼器安装示意图如图 5.15 和图 5.16 所示。

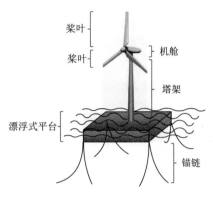

图 5.14　驳船式风力机示意图

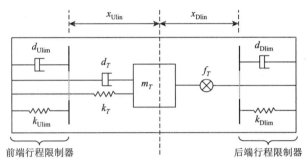

图 5.15　主动调谐质量阻尼器

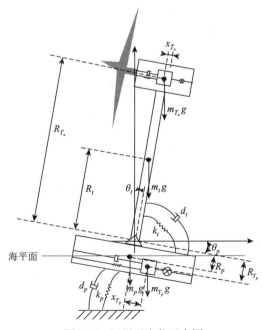

图 5.16　阻尼器安装示意图

图中，m_T 表示阻尼器质量块的质量；k_T 表示阻尼器的弹性系数；d_T 表示阻尼器的阻尼系数；f_T 表示主动驱动结构对阻尼器提供的主动控制力。主动受限阻尼器两端各有一个行程限制结构，其中，x_{Ulim} 和 x_{Dlim} 表示阻尼器质量块在不受行程限制器作用下自由活动距离，前者表示距离前端（对于安装在机舱中的阻尼器来说是迎风方向）的行程限制器的距离，后者表示距离后端（对于安装在机舱中的阻尼器来说是背风方向）的行程限制器的距离；k_{Ulim} 和 k_{Dlim} 分别表示两个行程限制器的弹性系数；d_{Ulim} 和 d_{Dlim} 分别表示两个行程限制器的阻尼系数。为了便于分析计算，我们令 $x_{Ulim}=x_{Dlim}$，并用 x_{lim} 表示；令 $k_{Ulim}=k_{Dlim}$，并用 k_{lim} 表示；令 $d_{Ulim}=d_{Dlim}$，并用 d_{lim} 表示。

本节提出的减载控制结构在漂浮式风电机组的机舱和浮台中各安装了一个主动调谐质量阻尼器。为了简化结构建模的同时又保证该模型有足够的复杂度代表真实风电机的结构动态变化，本节将塔架、机舱以及风轮叶片看作一个整体；塔架与漂浮式平台的弹性连接近似成一个旋转阻尼器结构，将锚链作用到浮台上的拉力与水的表面张力也近似为一个旋转阻尼结构作用到浮台上。图5.16中的各个参数表示的含义如下。其中，k_p 和 d_p 分别表示近似结构中与浮台连接的旋转阻尼器的弹性系数与阻尼系数；k_t 和 d_t 分别表示近似结构中连接塔架与浮台的旋转阻尼器的弹性系数与阻尼系数；R_{T_n} 表示安装在机舱中的阻尼器质心与塔架底端的沿着塔架方向的竖直距离；R_{T_p} 表示安装在浮台上的阻尼器质心与塔架底端的沿着垂直于浮台水平方向的距离；R_t 表示塔架的质心与塔架底端之间的竖直距离；R_p 表示浮台质心与塔架底端之间的垂直于浮台表面方向的距离；m_t、m_p、m_{T_n} 和 m_{T_p} 分别表示塔架、浮台、安装在机舱中的阻尼器和安装在浮台上的阻尼器的质量；x_{T_n} 和 x_{T_p} 分别表示安装在机舱与浮台中的主动受限阻尼器中质量块的位移。漂浮式风电机组的功率模型使用欧拉-拉格朗日方程组来建立。对于一个包含 n 个节点的非守恒系统来说，可以使用欧拉-拉格朗日方程组表示如下：

$$\frac{d}{dt}\left(\frac{\partial L}{\partial \dot{q}_i}\right)-\frac{\partial L}{\partial q_i}=Q_i, \quad i=1,2,\cdots,n \tag{5.17}$$

$$L=T-V \tag{5.18}$$

其中，T 表示系统中 n 个节点的总动能；V 表示系统中 n 个节点的总势能；L 是欧拉-拉格朗日方程组中引入的拉格朗日算子；Q_i 表示第 i 个节点受到的合力（对于力作用于其质心的节点）或合力矩（对于受力矩作用的节点）；q_i 表示第 i 个节点的运动量，对于直接作用于质心的节点来说是其运动距离，对于受力矩作用的节点来说是其转动的角度。驳船式风力机的总动能和势能如式（5.19）和式（5.20）所示，四个质点的力如式（5.21）所示：

$$T = \frac{1}{2} I_t \dot{\theta}_t^2 + \frac{1}{2} I_p \dot{\theta}_p^2 + \frac{1}{2} m_{T_n} \dot{x}_{T_n}^2 + \frac{1}{2} m_{T_p} \dot{x}_{T_p}^2 \tag{5.19}$$

$$
\begin{aligned}
V = & \frac{1}{2} k_t (\theta_t - \theta_p)^2 + \frac{1}{2} k_p \theta_p^2 + \frac{1}{2} k_{T_n} \left(\frac{x_{T_n} - R_{T_n} \sin\theta_t}{\cos\theta_t} \right) + \frac{1}{2} k_{T_p} \left(\frac{x_{T_p} + R_{T_p} \sin\theta_p}{\cos\theta_p} \right) \\
& + \frac{1}{2} k_{T_n} \left(\frac{x_{T_n} - R_{T_n} \sin\theta_t}{\cos\theta_t} \right) + \frac{1}{2} k_{T_p} \left(\frac{x_{T_p} + R_{T_p} \sin\theta_p}{\cos\theta_p} \right) \\
& + m_t g R_t \cos\theta_t - m_p g R_p \cos\theta_p \\
& + m_{T_n} g (R_{T_n} \cos\theta_t - (x_{T_n} - R_{T_n} \sin\theta_t)\tan\theta_t) \\
& - m_{T_p} g (R_{T_p} \cos\theta_p + (x_{T_p} + R_{T_p} \sin\theta_p)\tan\theta_p) \\
& + V_{\text{limn}} + V_{\text{limp}}
\end{aligned}
\tag{5.20}
$$

$$
\begin{cases}
Q_{q_t} = -d_t(\dot{\theta}_t - \dot{\theta}_p) + d_{T_n} R_{T_n} \dot{x}_{T_n}^n + M_{\text{wind}} - f_{T_n} R_{T_n} \\
-Q_{\text{limn}} R_{T_n} - d_t(\dot{\theta}_t - \dot{\theta}_p) + d_{T_n} R_{T_n} \dfrac{\dot{x}_{T_n} \cos\theta_t - R_{T_n} \dot{\theta}_t + x_{T_n} \dot{\theta}_t \sin\theta_t}{\cos^2\theta_t} \\
Q_{q_p} = -d_p \dot{\theta}_p + d_t(\dot{\theta}_t - \dot{\theta}_p) - d_{T_n} R_{T_n} \dot{x}_{T_p}^p + M_{\text{wave}} + f_{T_p} R_{T_p} \\
+Q_{\text{limp}} R_{T_p} - d_p \dot{\theta}_p + d_t(\dot{\theta}_t - \dot{\theta}_p) - d_{T_p} R_{T_p} \dfrac{\dot{x}_{T_p} \cos\theta_p + R_{T_p} \dot{\theta}_p + x_{T_p} \dot{\theta}_p \sin\theta_p}{\cos^2\theta_p} \\
Q_{x_{T_n}} = -d_{T_n} \dot{x}_{T_n}^n + f_{T_n} + Q_{\text{limn}} - d_{T_n} \dfrac{\dot{x}_{T_n} \cos\theta_t - R_{T_n} \dot{\theta}_t + x_{T_n} \dot{\theta}_t \sin\theta_t}{\cos^2\theta_t} + f_{T_n} + Q_{\text{limn}} \\
Q_{x_{T_n}} = -d_{T_p} \dot{x}_{T_p}^p + f_{T_p} + Q_{\text{limp}} - d_{T_p} \dfrac{\dot{x}_{T_p} \cos\theta_p + R_{T_p} \dot{\theta}_p + x_{T_p} \dot{\theta}_p \sin\theta_p}{\cos^2\theta_p} + f_{T_p} + Q_{\text{limp}}
\end{cases}
\tag{5.21}
$$

其中

$$
V_{\text{limn}} = \frac{1}{2}
\begin{cases}
k_{\text{limn}} \left(\dfrac{x_{T_n} - R_{T_n} \sin\theta_t}{\cos\theta_t} - x_{\text{limn}} \right)^2, & \text{机舱中TMD超出限制} \\
0, & \text{其他}
\end{cases}
\tag{5.22}
$$

$$
V_{\text{limp}} = \frac{1}{2}
\begin{cases}
k_{\text{limp}} \left(\dfrac{x_{T_p} + R_{T_p} \sin\theta_p}{\cos\theta_p} - x_{\text{limp}} \right)^2, & \text{漂浮式平台上TMD超出限制} \\
0, & \text{其他}
\end{cases}
\tag{5.23}
$$

$$
Q_{\text{limn}} =
\begin{cases}
d_{\text{limn}} \left(\dfrac{x_{T_n} - R_{T_n} \sin\theta_t}{\cos\theta_t} - x_{\text{limn}} \right), & \text{情况一} \\
0, & \text{其他}
\end{cases}
\tag{5.24}
$$

$$Q_{\text{limp}} = \begin{cases} d_{\text{limp}}\left(\dfrac{x_{T_p} + R_{T_p}\sin\theta_p}{\cos\theta_p} - x_{\text{limp}}\right), & \text{情况二} \\ 0, & \text{其他} \end{cases} \tag{5.25}$$

对于如图 5.16 所示的漂浮式风电机组，其中包含了 4 个节点，分别表示塔架、浮台、安装在机舱的阻尼器和安装在浮台上的阻尼器，对这四个惯性系统进行受力分析，再根据欧拉-拉格朗日方程组可以推导得出其运动约束方程为

$$\begin{cases} -M_{\text{wind}} + f_{T_n}R_{T_n} + k_t(\theta_t - \theta_p) - m_t g R_t \theta_t - (k_{T_n}R_{T_n} + m_{T_n}g + k_{\text{limn}}R_{T_n})(x_{T_n} - R_{T_n}\theta_t) \\ \quad + k_{\text{limn}}x_{\text{limn}}R_{T_n} + d_t(\dot{\theta}_t - \dot{\theta}_p) + (d_{\text{limn}}R_{T_n} + d_{T_n}R_{T_n})(R_{T_n}\dot{\theta}_t - \dot{x}_{T_n}) + I_t\ddot{\theta}_t = 0 \\ -M_{\text{wave}} - f_{T_p}R_{T_p} + (k_p + m_p g R_p)\theta_p - k_t(\theta_t - \theta_p) + (k_{T_p}R_{T_p} - m_{T_p}g + k_{\text{limp}}R_{T_p})(x_{T_p} + R_{T_p}\theta_p) \\ \quad - k_{\text{limp}}x_{\text{limp}}R_{T_p} + d_p\dot{\theta}_p - d_t(\dot{\theta}_t - \dot{\theta}_p) + (d_{\text{limp}}R_{T_p} + d_{T_p}R_{T_p})(R_{T_p}\dot{\theta}_p + \dot{x}_{T_p}) + I_p\ddot{\theta}_p = 0 \\ -f_{T_n} + (k_{T_n} + k_{\text{limn}})(x_{T_n} - R_{T_n}\theta_t) - k_{\text{limn}}x_{\text{limn}} - m_{T_n}g\theta_t + (d_{\text{limn}} + d_{T_n})(\dot{x}_{T_n} - R_{T_n}\dot{\theta}_t) + m_{T_n}\ddot{x}_{T_n} = 0 \\ -f_{T_p} + (k_{T_p} + k_{\text{limp}})(x_{T_p} + R_{T_p}\theta_p) - k_{\text{limp}}x_{\text{limp}} - m_{T_p}g\theta_p + (d_{\text{limp}} + d_{T_p})(\dot{x}_{T_p} + R_{T_p}\dot{\theta}_p) + m_{T_p}\ddot{x}_{T_p} = 0 \end{cases} \tag{5.26}$$

得到系统的约束方程后，我们还需要进一步计算才能得到系统的状态空间表达式。为了得到系统的状态空间表达式，我们先将系统的约束方程描述成矩阵形式如下：

$$M\ddot{X} + D\dot{X} + KX = F_T f_T + F_d f_d + \text{Cst} \tag{5.27}$$

其中

$$X = [\theta_p \quad \theta_t \quad x_{T_n} \quad x_{T_p}]^{\text{T}} \tag{5.28}$$

$$M = \begin{bmatrix} I_p & & & \\ & I_t & & \\ & & m_{T_n} & \\ & & & m_{T_p} \end{bmatrix} \tag{5.29}$$

$$D = [D_1 \quad D_2], \quad K = [K_1 \quad K_2 \quad K_3] \tag{5.30}$$

$$F_T = \begin{bmatrix} 0 & R_{T_p} \\ -R_{T_n} & 0 \\ 1 & 0 \\ 0 & 1 \end{bmatrix}, \quad F_d = \begin{bmatrix} 0 & 1 \\ 1 & 0 \\ 0 & 0 \\ 0 & 0 \end{bmatrix} \tag{5.31}$$

$$f_T = [f_{T_n} \quad f_{T_p}]^{\text{T}}, \quad f_d = [M_{\text{wind}} \quad M_{\text{wave}}]^{\text{T}} \tag{5.32}$$

$$\text{Cst} = \begin{bmatrix} k_{\text{limp}} x_{\text{limp}} R_{T_p} \\ -k_{\text{limn}} x_{\text{limn}} R_{T_n} \\ k_{\text{limn}} x_{\text{limn}} \\ k_{\text{limp}} x_{\text{limp}} \end{bmatrix} \tag{5.33}$$

其中

$$D_1 = \begin{bmatrix} d_p + d_t + (d_{\text{limp}} + d_{T_p})R_{T_p}^2 & -d_t \\ -d_t & d_t + (d_{\text{limn}} + d_{T_n})R_{T_n}^2 \\ 0 & -(d_{\text{limn}} + d_{T_n})R_{T_n} \\ (d_{\text{limp}} + d_{T_p})R_{T_p} & 0 \end{bmatrix} \tag{5.34}$$

$$D_2 = \begin{bmatrix} 0 & (d_{\text{limp}} + d_{T_p})R_{T_p} \\ -(d_{\text{limn}} + d_{T_n})R_{T_n} & 0 \\ d_{\text{limn}} + d_{T_n} & 0 \\ 0 & d_{\text{limp}} + d_{T_p} \end{bmatrix} \tag{5.35}$$

$$K_1 = \begin{bmatrix} k_p + k_t + m_p g R_p - m_{T_p} g R_{T_p} + (k_{\text{limp}} + k_{T_p})R_{T_p}^2 \\ -k_t \\ 0 \\ (k_{\text{limp}} + k_{T_p})R_{T_p} - m_{T_p} g \end{bmatrix} \tag{5.36}$$

$$K_2 = \begin{bmatrix} -k_t \\ k_t - m_t g R_t + m_{T_n} g R_{T_n} + (k_{\text{limn}} + k_{T_n})R_{T_n}^2 \\ -(k_{\text{limn}} + k_{T_n})R_{T_n} - m_{T_n} g \\ 0 \end{bmatrix} \tag{5.37}$$

$$K_3 = \begin{bmatrix} 0 & (k_{\text{limp}} + k_{T_p})R_{T_p} \\ -m_{T_n} g - (k_{\text{limn}} + k_{T_n})R_{T_n} & 0 \\ k_{\text{limn}} + k_{T_n} & 0 \\ 0 & k_{\text{limp}} + k_{T_p} \end{bmatrix} \tag{5.38}$$

在系统的状态空间表达式中，我们使用塔架与浮台摆动的角度、两个主动调谐质量阻尼器质量块的行程以及它们的一阶导数 $[X \quad \dot{X}]$ 作为系统的状态 x，这样我们可以得到系统的状态空间表达式如下：

$$\begin{cases} \dot{x} = Ax + B_T f_T + B_d f_d \\ y = Cx \end{cases} \tag{5.39}$$

其中，系统的状态矩阵 A、控制输入矩阵 B_T 和风-浪联合负载扰动输入矩阵 B_d 分别为

$$A = \begin{bmatrix} 0 & I \\ -M^{-1}K & -M^{-1}D \end{bmatrix}, \quad B_T = \begin{bmatrix} 0 \\ M^{-1}F_T \end{bmatrix}, \quad B_d = \begin{bmatrix} 0 \\ M^{-1}F_d \end{bmatrix} \quad （5.40）$$

我们令状态空间表达式的输出 y 为

$$y = [R_t(\theta_t - \theta_p) \quad \theta_p \quad x_{T_n} - R_{T_n}\theta_t \quad x_{T_p} + R_{T_p}\theta_p] \quad （5.41）$$

其中，各项依次表示：塔尖的水平运动偏移距离、浮台摆动的俯仰角、安装在机舱的调谐质量阻尼器质量块的水平位移和安装在浮台中的调谐质量阻尼器质量块的位移，在进行控制器设计时尽量使得 y 趋近于 0。我们可以将系统状态空间表达式的输出矩阵表示为

$$C = \begin{bmatrix} -R_t & R_t & 0 & 0 & 0 & 0 & 0 & 0 \\ 1 & 0 & 0 & 0 & 0 & 0 & 0 & 0 \\ 0 & -R_{T_n} & 1 & 0 & 0 & 0 & 0 & 0 \\ R_{T_p} & 0 & 0 & 1 & 0 & 0 & 0 & 0 \end{bmatrix}$$

5.2.2　主动减载控制器设计

线性二次型调节器（Liner Quadratic Regulator，LQR）能够获取到状态线性反馈的最优控制律，易于形成闭环最优控制。LQR 最优控制可以使原系统以较低的成本获得较好的性能指标（事实上，它还可以设置不稳定的系统），且方法简单，易于实现。正如之前提到的基于控制器的目标，我们得到最优控制目标函数如下：

$$J = \frac{1}{2}\int_0^\infty (q_1(R_t(\theta_t - \theta_p))^2 + q_2\theta_p^2 + q_3(x_{T_n} - R_{T_n}\theta_t)^2 + q_4(x_{T_p} + R_{T_p}\theta_p)^2 + r_1 f_{T_n}^2 + r_2 f_{T_p}^2)\mathrm{d}t$$

$$（5.42）$$

其中，q_1、q_2、q_3 和 q_4 分别为塔顶前后偏移（Tower-top Fore-aft Deflection，TTDspFA）、浮台俯仰角（Platform Pitch Rotational Displacement，PtfmPitch）、机舱中阻尼器的水平移动距离（The Horizontal Movement Distance of the Damper in the Nacelle，HmdXDxn）、漂浮式平台上阻尼器的水平移动距离（The Horizontal Movement Distance of the Damper in the Floating Platform，HmdYDyn）四个性能指标的权重系数。为了获取最优的 TMD 权重系数，本节采取基于遗传算法（Genetic Algorithm，GA）的参数优化遗传算法。在 GA 过程中，初始种群为 100，迭代数为 30。初始权重系数为随机二进制字符串。采用轮盘交叉法，交叉概率为 0.7，变异概率为 0.01。在每一次代中，具有最大适应性的值将直接继承给下一代。r_1 和 r_2 分别是作用在机舱和浮台阻尼器的作用力的权重系数。为了便于求解，将上述目标函数写成矩阵形式如下：

$$J = \frac{1}{2}\int_0^\infty (x^\mathrm{T}C^\mathrm{T}QCx + f_T^\mathrm{T}Rf_T)\mathrm{d}t \quad （5.43）$$

其中，Q 是由 q_1、q_2、q_3 和 q_4 组成的对角矩阵；R 是由 r_1 和 r_2 组成的对角矩阵；C 是输出矩阵。为了得到最优控制律，使目标函数最小，我们需要求解以下 Riccati 方程：

$$PA + A^{\mathrm{T}}P - PB_T R^{-1} B_T^{\mathrm{T}} P + C^{\mathrm{T}}QC = 0 \tag{5.44}$$

其中，A 和 B_T 分别为状态矩阵和控制输入矩阵；P 为待解的未知矩阵，从中可以得到控制律。如果得到的矩阵 P 是正定的，则系统是渐近稳定的。得到最终控制律如下：

$$f_T(t) = R^{-1} B_T^{\mathrm{T}} Px(t) \tag{5.45}$$

5.2.3　仿真分析

本节采用 NREL 设计的 5MW 驳船式漂浮式风电机组进行仿真，该风电机组的主要参数值如表 5.5 所示。

表 5.5　NREL 5MW 风电机组主要参数值

参数	值
额定功率/MW	5
控制方式（一）	变速变桨距控制
风轮直径、轮毂直径/m	126，3
轮毂高度、塔尖高度/m	90，87.6
切入风速、额定风速、切出风速/(m/s)	3，11.4，25
切入转速、额定转速/(r/min)	6.9，12.1
额定叶尖速度/(m/s)	80
风轮质量/kg	110000
机舱质量/kg	240000
塔架质量/kg	347460
浮台质量/kg	5452000
机舱尺寸/(m×m×m)	22×6×6
浮台尺寸（长度×宽度×高度）/(m×m×m)	40×40×10
锚链数/条	8
锚链深度/m	150

为了比较不同的减载结构（有无阻尼器、单个或多个阻尼器的减载控制结构）之间的减载性能差异，首先需要选定不同的负载条件下，使用不同的减载控制结构进行主动减载控制的仿真比较。

对于漂浮式风电机组的所受的外部负载有两部分：一部分是风负载；另一部分是波浪负载。由于仿真选用的风电机组的切入风速、额定风速和切出风速分别为 3m/s、11.4m/s 和 25m/s，我们选定三个用于仿真的风负载的平均风速分别为 4m/s、

10m/s 和 18m/s。并根据 IEC 61400-3 海上风力发电机设计要求，我们选取卡尔曼谱作为风谱模型，其幂律指数设为 0.14。对于波浪载荷，我们选用 Jonswap 谱作为仿真使用的波谱模型，并选用 2.6m、5.6m 和 9.2m 的有效波高作为三个不同的波浪负载，其峰值周期设为 11.8s。用于仿真的四个典型工况，具体如表 5.6 所示。

表 5.6　四个典型工况

工况	平均风速/(m/s)	有效波高/m	波浪载荷峰值周期/s
工况一	4	2.6	
工况二	10	5.6	11.8
工况三	18	5.6	
工况四	18	9.2	

对于以上不同的减载控制结构，在四个不同的工况下对其减载效果进行比较。在本节的仿真中，基线控制系统包括一个基本的发电机转矩控制器，一个 PI 联合变桨距控制器，它们是在 FAST-SC 中的默认控制器，具体参数参考文献[34]。在本节不同的控制结构的仿真过程中，使用相同的发电机转矩控制器、变桨距控制器和其他控制器。模拟时间为 5min，取稳定后的最后 200s 数据用于分析。通过使用不同的减载控制结构在不同载荷下的仿真结果如图 5.17～图 5.20 所示。主要的四个性能指标是塔顶前后偏移（TTDspFA）、浮台俯仰角（PtfmPitch）、塔基俯仰力矩（Tower-base Pitching Moment，TwrBsMyt）和发电机功率（Electrical Generator Power，GenPwr）。

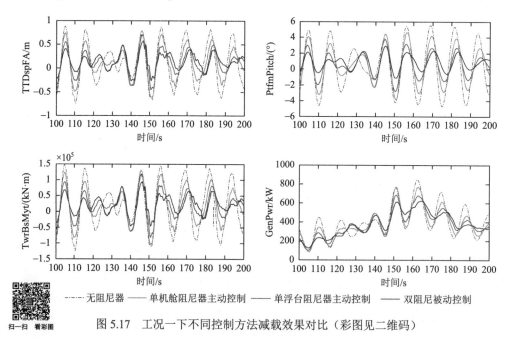

------ 无阻尼器　——— 单机舱阻尼器主动控制　——— 单浮台阻尼器主动控制　——— 双阻尼被动控制

图 5.17　工况一下不同控制方法减载效果对比（彩图见二维码）

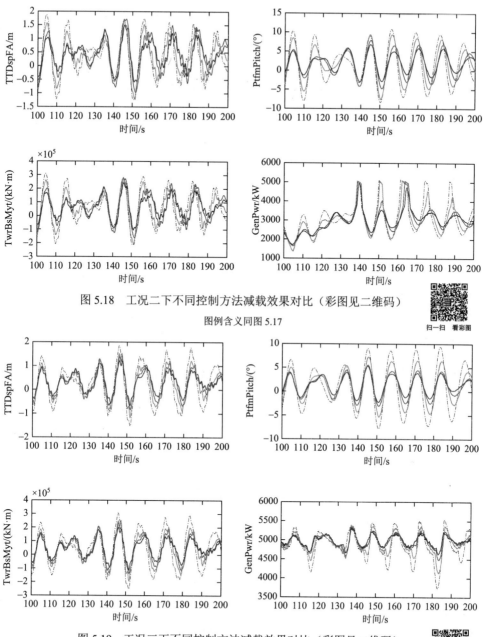

图 5.18　工况二下不同控制方法减载效果对比（彩图见二维码）

图例含义同图 5.17

图 5.19　工况三下不同控制方法减载效果对比（彩图见二维码）

图例含义同图 5.17

扫一扫　看彩图

　　从仿真过程可以看出，浮台振动的减少会显著影响其他性能指标。从图中每个性能指标的时域曲线可以看出，在不同的工况条件下，安装在机舱和平台上的多阻尼器控制结构优于安装在机舱或平台上的单阻尼器最优控制方法，这三种主动控制方法均优于基线无阻尼器的控制方法。多阻尼器最优控制方法的各种性能指标的波动幅度明显低于其他控制结构。在工况三下各项性能指标的功率谱对比如图 5.21 所示。

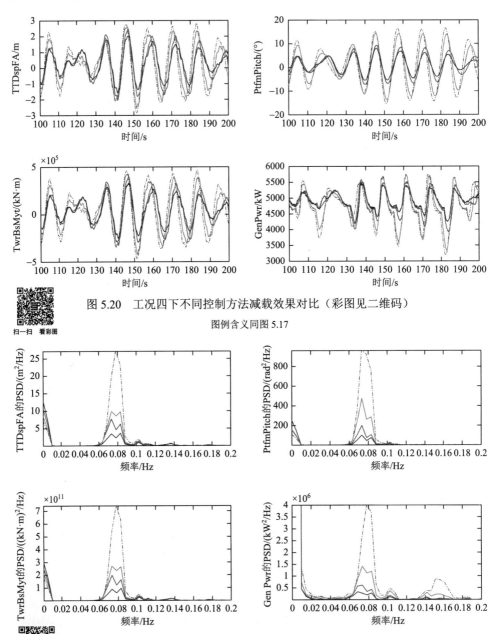

图 5.20　工况四下不同控制方法减载效果对比（彩图见二维码）

图例含义同图 5.17

图 5.21　工况三下不同控制方法不同性能指标功率谱对比（彩图见二维码）

图例含义同图 5.17

从图 5.21 中可以清楚地看出，漂浮式风电机组具有最高功率密度的振动频率在波浪载荷的峰值频率附近，约为 0.08Hz。从频域响应曲线可以看出，多阻尼器最优控制方法能够比单阻尼器最优控制方法更有效地降低风力发电机的振动和载荷，并提高提高风电输出功率的稳定性。每种控制方法在不同载荷下的控制效果以塔基俯仰力矩均方差降低量计算，其控制效果如表 5.7 所示。

表 5.7　不同控制方法下减载效果对比　　　　　　（单位：kN²·m²)

工况	无阻尼器	单机舱阻尼器主动控制		单浮台阻尼器主动控制		双阻尼器主动控制	
工况一	77265	45014	−41.74%	58413	−24.40%	36377	−52.92%
工况二	137647	114997	−16.46%	119729	−13.02%	103103	−25.10%
工况三	132970	92616	−30.35%	103747	−21.98%	81025	−39.07%
工况四	244101	169654	−30.50%	213594	−12.50%	139928	−42.68%

不同工况下主动控制方法的能耗如表 5.8 所示，表明随着负载的增大从工况一到工况四需要更多的功耗。比较相同风荷载下不同控制结构的功耗，发现虽然安装在浮动平台上的单个混合质量阻尼器（Hybrid Mass Damper，HMD）具有比安装在机舱和平台中 HMD 更少的 HMD 质量，但其功率消耗大约是机舱和平台中 HMD 的两倍，并且振动控制效果未得到相应改善，与图 5.4 和表 5.6 相结合效果甚至更差。与机舱中单个 HMD 的主动控制相比，机舱和平台上的 HMD 主动控制成本增加了大约 30% 的额外功率的情况下降低了大约 10% 的塔基俯仰力矩，并且随着负载的增加，所需的额外功率甚至更少。结合表 5.3 中的载荷情况，发现在相同的风荷载和波浪载荷增加的情况下，功率消耗增加，在相同的波浪载荷和不同的风载荷下，功耗的变化不明显，这意味着波浪载荷主要影响漂浮式风力发电机的振动。

表 5.8　不同主动减载控制结构能耗对比　　　　　　（单位：W)

控制方法	工况一	工况二	工况三	工况四
单机舱阻尼器主动控制	9.1706×10^4	4.7609×10^5	2.7347×10^5	1.0570×10^6
单浮台阻尼器主动控制	3.4793×10^5	1.2757×10^6	1.0375×10^6	2.5620×10^6
双阻尼器主动控制	1.7335×10^5	6.5336×10^5	3.8352×10^5	1.2496×10^6

5.3　传动链的扭转振动控制

本节针对变速变桨风电机组如何抑制传动链的扭转振动进行研究，提出了使用卡尔曼滤波对轴扭转角速度进行估计与在反馈环节上施加反馈增益相结合的扭矩控制策略。本节采用卡尔曼滤波和施加反馈增益来降低传动链的共振可以达到降低风机载荷的目的。

一个典型的风机传动链结构由一个较大的叶轮转动惯量和一个较小的高速轴转动惯量（主要是发电机和刹车系统）组成，二者可以视为由一个等价扭簧连接，如图 5.22 所示。

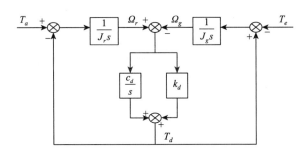

图 5.22　典型的传动链机械传递模型

本节对传动链共振的研究是基于图 5.22 所示的模型。图中上半部分表示的是传动链的理想物理模型，下半部分表示的是传动链的拉普拉斯变换的 s 域模型。此传动链模型中假定风机叶轮和发电机转子为刚性，且二者之间采用弹性耦合。忽略气动损失，高阶模态影响以及与塔架侧向振动模态的耦合，可将其线性化成如下形式：

$$\begin{cases} J_r \cdot \dot{\Omega}_r = T_a - c_d \cdot \gamma_{sh} - \kappa_d \cdot \dot{\gamma}_{sh} \\ J_g \cdot \dot{\Omega}_g = c_d \cdot \gamma_{sh} + \kappa_d \cdot \dot{\gamma}_{sh} - T_e \end{cases} \tag{5.46}$$

其中，J_r 为叶轮的转动惯量；$\dot{\Omega}_r$ 为叶轮角加速度；T_a 为气动转矩；c_d 为传动链刚度；κ_d 为传动链阻尼系数；J_g 为电机的转动惯量；$\dot{\Omega}_g$ 为电机角加速度；T_e 为发电机电磁转矩；传动链扭转角度 γ_{sh} 及扭转速度 $\dot{\gamma}_{sh}$ 可分别定义为

$$\begin{cases} \gamma_{sh} = \int (\Omega_r - \Omega_g) dt \\ \dot{\gamma}_{sh} = \Omega_r - \Omega_g \end{cases} \tag{5.47}$$

1. 典型的线性化风力机模型

对控制设计进行线性化之后，得到了图 5.23 所示的风机模型。

式（5.48）给出了系统从 Ω_r 到 Ω_g 在拉普拉斯变换域中的传递函数形式：

$$\frac{\Omega_g(s)}{\Omega_r(s)} = \frac{\dfrac{\kappa_d - T_e}{J_g} \cdot s + \dfrac{c_d}{J_g} + \dfrac{H_d}{J_g} \cdot s}{s^2 + \dfrac{\kappa_d}{J_g} \cdot s + \dfrac{c_d}{J_g} + \dfrac{H_d}{J_g} \cdot s} \tag{5.48}$$

其中，H_d 表示针对传动链阻尼的反馈传递函数，H_d 的作用就是改变电机转矩，从而对电机转速进行修正。

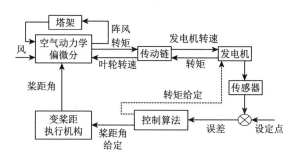

图 5.23　典型的线性化风机模型

2. 卡尔曼滤波

卡尔曼滤波算法是一种状态估计的有效算法，它可以给出系统在真实环境中的最优状态估计。对于实际运行的风机来说，直接得到轴的扭转角速度 $\dot{\gamma}_{sh}$ 是不太可能的，故本节采用卡尔曼滤波对 $\dot{\gamma}_{sh}$ 进行估计。卡尔曼滤波是基于式（5.49）和式（5.50）所表示的传动链的动态特性所设计的。

$$\frac{J_r \cdot J_g}{J_r + J_g} \cdot (\ddot{\gamma}_{sh}) = -c_d \cdot \gamma_{sh} - \kappa_d \cdot \dot{\gamma}_{sh} + \frac{J_g}{J_r + J_g} \cdot (T_a - T_l) + \frac{J_r}{J_r + J_g} \cdot T_e \quad (5.49)$$

$$\begin{cases} J_g \cdot \dot{\Omega}_g = c_d \cdot \gamma_{sh} + \kappa_d \cdot \dot{\gamma}_{sh} - T_e \\ T_l = C_c + C_{\Omega_r} \cdot \Omega_r \\ \omega_0^d = \sqrt{\dfrac{c_d}{J_r \cdot J_g / (J_r + J_g)}} \\ \beta_d = \dfrac{\kappa_d}{2\sqrt{c_d \cdot J_r \cdot J_g / (J_r + J_g)}} \end{cases} \quad (5.50)$$

卡尔曼滤波器的输入是发电机电磁转矩 T_e（经高通滤波后变为 $\tilde{T}_e^{\text{HPF}}$）和电机转速 Ω_g（经高通滤波后变为 $\tilde{\Omega}_e^{\text{HPF}}$）的测量值，但因为发电机电磁转矩在实际中很难测量，所以通常并不直接使用其测量值，而是用从电机转矩设定点信号中滤去高频成分之后的近似值来代替。

图 5.24 所示为卡尔曼滤波器的控制结构。

图中，x 表示状态估计；y 表示测量信号；y' 表示测量值预测；x' 表示状态预测；u 为控制信号。在实现中，整个控制器可以被简化为和控制信号（u）及测量输出信号（y）相关联的差分方程形式。

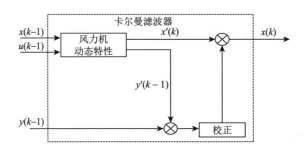

图 5.24　卡尔曼滤波器的控制结构

系统的动态线性化可以被表示为离散的状态空间形式，如式（5.51）所示：

$$x'(k) = Ax(k-1) + Bu(k-1) \qquad (5.51)$$

卡尔曼增益 L 被用来计算随机干扰对系统的影响，通过传感器预测输出 y' 和实际输出 y 的对比可以对卡尔曼滤波器进行改进，如式（5.52）所示：

$$x(k) = x'(k) + L(y(k-1) - y'(k-1)) \qquad (5.52)$$

其中

$$y'(k-1) = Cx(k-1) + Du(k-1)$$

而 A、B、C、D 表示状态空间矩阵。本节设计的卡尔曼滤波器除了能够估计 $\hat{\gamma}_{sh}$ 的值外，还能够估计轴扭转角度 $\hat{\gamma}_{sh}$ 和电机转速 $\hat{\Omega}_g$ 的值。

3. 反馈增益

根据控制理论可知，当一个系统具有比较小的阻尼时，其超调量将会变得很大，而且调节时间也会相应变长，而当风速达到额定值以上时，风力机组处在变桨距阶段，此时的风速是一个外部扰动，因为转矩不再随着转速的变化而变化，所以变速风力机组只有很小的阻尼，在非常低的阻尼下会导致传动链有较大的扭矩振动，加大传动链的载荷。因此在控制器的设计过程中需要增加传动链的阻尼。增加传动链的阻尼可以通过在原有转矩的给定值的基础上增加一个很小的附加转矩波动。

为了增加传动链系统的总阻尼比 β_d^{tot}，对扭转速度进行反馈时需要用到增益 K_{drv}。在传动链的动态特性中，K_{drv} 与扭转加速度 $\ddot{\gamma}_{sh}$ 有如下关系：

$$\frac{J_r \cdot J_g}{J_r + J_g} \cdot (\ddot{\gamma}_{sh}) = -c_d \cdot \gamma_{sh} - \kappa_d \cdot \dot{\gamma}_{sh} - \frac{J_r}{J_r + J_g} \cdot K_{drv} \cdot \dot{\gamma}_{sh} \qquad (5.53)$$

总阻尼比 β_d^{tot} 与"固有"阻尼比 β_d 之间的关系如下：

$$\beta_d^{tot} = \beta_d \left(1 + \frac{J_r}{J_r + J_g} \cdot \frac{1}{k_d} \cdot K_{drv} \right) = \beta_d \cdot \beta_d^F \qquad (5.54)$$

其中

$$\beta_d = \frac{\kappa_d}{2\sqrt{c_d \cdot J_r \cdot J_g / (J_r + J_g)}}, \quad K_{drv} = \left(\frac{\beta_d^{tot}}{\beta_d} - 1\right) \cdot \frac{J_r + J_g}{J_r} \cdot k_d$$

5.4　塔架前后振动控制

对于大型风电机组，叶片桨距角的变化直接影响塔架的振动幅度和载荷，且以塔架前后一阶为主要模态。

塔架前后振动的动态特性可以近似为简单的二阶谐波阻尼系统：

$$m_t \frac{d^2 x_{nd}}{dt^2} + c_t \frac{dx_{nd}}{dt} + k_t x_{nd} = F_{nd} + \Delta F_{nd} \tag{5.55}$$

其中，x_{nd} 为塔架的前后位移；F_{nd} 为外加力，这里代表叶轮的推力；ΔF_{nd} 是由变桨距动作引起的附加力；m_t 为塔架质量，一般取塔架顶部质量的总和；c_t 为模态阻尼系数，一般来说，阻尼系数 c_t 很小。如果 ΔF_{nd} 与 $-\dfrac{dx_{nd}}{dt}$ 成正比，可以明显地增加有效阻尼。

将塔架前后振动速度通过带增益的二阶滤波器即可得到该阻尼信号，在原有桨距角需求的基础上加入该阻尼信号，从而有效抑制塔架的振动，塔架前后振动控制框图如图 5.25 所示。

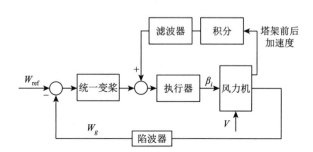

图 5.25　塔架前后振动控制框图

图 5.20 中滤波器可表示成如下形式：

$$G(s) = K_{nd} \frac{\dfrac{s^2}{\omega_1^2} + \dfrac{2\zeta_1 s}{\omega_1} + 1}{\dfrac{s^2}{\omega_2^2} + \dfrac{2\zeta_2 s}{\omega_2} + 1} \tag{5.56}$$

其中，K_{nd} 为增益；ω_1、ω_2 分别为风轮 1P（per-revolution，每旋转一次）和 1.5P 对应的角频率；ζ_1 和 ζ_2 为阻尼比。图 5.25 中陷波器的传递函数如下：

$$G(s) = \frac{s^2 + \omega_3^2}{s^2 + 2\zeta_3\omega_3 s + \omega_3^2} \tag{5.57}$$

陷波器的频率和阻尼需要通过坎贝尔图辅助分析，观察塔架各模态在风轮变速运行范围内是否与 1P、2P、3P 等包络线相交。

5.5　塔架侧向振动控制

塔架侧向振动的动态特性可以近似为

$$m_t \frac{d^2 x_{ny}}{dt^2} + c_t \frac{dx_{ny}}{dt} + k_t x_{ny} = F_{ny} + \Delta F_{ny} \tag{5.58}$$

其中，x_{ny} 为塔架的侧向位移；m_t 为塔架质量；k_t、c_t 分别为结构刚度和弹簧阻尼，其表达式如下：

$$\begin{cases} k_t = 2\beta_t \omega_0^t m_t \\ c_t = (\omega_0^t)^2 m_t \end{cases} \tag{5.59}$$

式中，β_t 为塔架侧向阻尼系数；ω_0^t 为塔架侧向共振频率；

通过在原有发电机给定转矩上添加附加转矩实现增大阻尼的效果。将测量到的塔架侧向加速度积分后作用增益 K_{ny} 即可得到附加转矩，如图 5.26 所示。

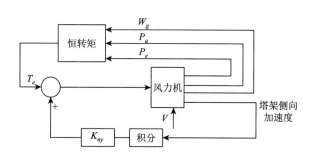

图 5.26　塔架侧向振动控制

使用阻尼器后的塔架侧向阻尼为 β_{ny}^{tot}，可表示为

$$\beta_{ny}^{tot} = \frac{1}{2\sqrt{m_t c_t}}\left(k_t + \frac{3}{2}\frac{K_{ny}}{Z_t}\right) \tag{5.60}$$

其中，Z_t 为轮毂距地面高度；β_{ny}^{tot} 为总阻尼。

结合式（5.59）与式（5.60），得到

$$\beta_{ny}^{tot} = \beta_t^F \beta_t \tag{5.61}$$

式中，$\beta_t^F = 1 + \dfrac{3}{2}\dfrac{K_{ny}}{k_t Z_t}$。

这里选择增益 K_{ny} 使 $\beta_F = 15$，并将附加转矩范围限定在发电机允许最大转矩的 10%以内。

5.6　结　果　分　析

在 MATLAB/Simulink 环境下，进行变速变桨主控制器建模，以某 2MW 近海风电机组为研究对象，对风电机组进行 PI 控制。分别对估计风速前馈控制环、动态入流补偿控制环以及载荷控制环进行研究，并在同环境下进行建模，以作为主控制器的辅助控制环。采用本节建立的分析模型，计算了目前三种辅助控制策略的计算结果，分别得到发电机转速、电功率、齿轮箱扭矩、塔架前后和侧向振动结果，如图 5.27～图 5.31 所示。

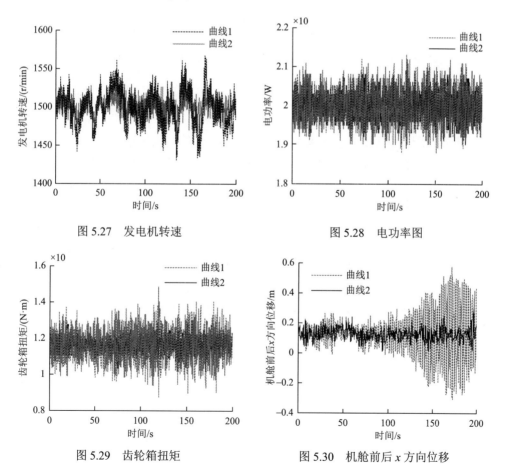

图 5.27　发电机转速　　　　　　　　　图 5.28　电功率图

图 5.29　齿轮箱扭矩　　　　　　　　图 5.30　机舱前后 x 方向位移

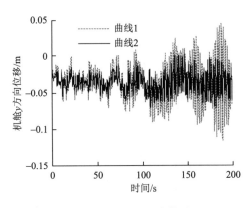

图 5.31　机舱 y 方向位移

　　图 5.27～图 5.31 中，曲线 1 为未增加辅助控制环路的控制器；曲线 2 为增加了辅助控制环路的控制器。从图 5.27 可以看出，增加控制环后，发电机转速波动幅度减小，当风速大于额定风速时，变桨距控制对风电机组功率的稳定起到了重要重用，此时变速变桨距控制和定速变桨距控制都能使功率稳定在 2MW。从总的发电效果来说，采用变速变桨距控制策略的风电机组发电品质要好于其他三种控制方式。

　　综上所述，采用变速变桨距控制的风电机组的发电品质相对采用其他几种控制策略的风电机组发电品质更高、更好。

　　将本章所建立的系统分析模型应用于风电机组的控制策略研究分析中。在研究风能最大捕获原理的基础上，研究了国际常用的几种风电机组控制策略，定性地总结比较了它们各自的优缺点。以某 2MW 风电机组为研究对象，采用本章建立的系统分析仿真模型，分析其在采用不同控制策略情况下的发电性能，定量地比较了各种控制策略的优缺点。分析表明，采用变速变桨距控制策略的风电机组发电品质相对其他三种控制策略的风电机组具有更好的发电品质，这与实际情况是相符合的。表明采用本章建立的传动链系统模型可以应用到大型风电机组的性能仿真和控制策略研究上，指导风电机组的总体设计。本章研究为风电机组总体设计进行了一次有益的探索，也为我国产品的更新换代及产品的优化设计进行了有益的探索。

第6章 漂浮式风电机组容错控制设计

容错控制方式是提高系统安全性与可靠性的有效方法之一[35-37]。容错控制方法的思想最早可以追溯到 20 世纪 70 年代。早期最具代表性的研究工作有 Willsky 的故障检测与诊断方面的综述，Siljak 发表在国际控制期刊上关于容错控制的文章，以及 Patton 的关于容错控制方法的研究综述。我国学者早期在容错控制理论上的研究也取得了许多有意义的结果。

6.1 变桨系统故障模型

海上漂浮式风力机（Floating Offshore Wind Turbine，FOWT）根据功能可分为八个子系统，即支撑结构、变桨和液压系统、变速箱、发电机、速度传动系统、电子元件、叶片系统和偏航系统。任何子系统的故障都可能导致整个系统的故障。根据风力机的可靠性分析，最常见的故障发生在叶片变桨系统中。叶片变桨系统中的故障会影响风力机的闭环控制系统和动态特性。由故障引起的叶片不正确的节距会导致叶片上的力不对称，并导致转子旋转不平衡。因此，传感器和执行器中发生的故障可能会影响系统特性或导致液压泄漏、阀门堵塞或泵堵塞的不可操作条件[32]。当风荷载作用在转子上时，叶片在多种故障条件下的变桨系统很有可能不能正确地发挥气动制动的作用。

漂浮式风力发电机在随机海洋环境中运行，它们受到湍流、不规则波浪和严重干扰的情况下会遇到意外故障。这些故障会改变风电机组的系统行为、运行安全和发电效率，甚至会导致系统中断并造成巨大的经济损失。由于地理位置受限，风电机组的维护和优化运行成为关键问题，调查显示，风电机组的维护成本占总成本的30%。因此，降低风力机故障对系统的影响，确保风电机组的可靠性和减少停机时间是非常重要的。总结出传感器故障和执行器故障两大类。

执行器故障又细分为三类：转换器故障可能导致偏移，此故障的原因是内部转换器控制回路中的偏移；这里考虑液压变桨系统，在三个叶片上都有可能发生故障，液压系统中的故障会导致动态变化，这些故障表现为主管路液压下降或油中空气含量过高两类。

传感器的内部故障可能造成输出的偏差，将传感器故障分为 3 类。第一类是桨距角位置测量故障，这些故障可能是位置传感器中的电气故障，或者是机械故障，并且可以导致定值或增益系数偏差；第二类是转子转速测量故障，这些故障可能是由电气和机械故障引起的，这些故障会导致测量值出现定值或增益系数偏差；第三类是发电机转速测量故障，这些故障可能是由电气和机械故障引起的，这些故障会导致测量值出现定值或增益系数偏差。表 6.1 列出了变桨系统故障类型，表 6.2 列出了这些故障的严重性和后果以及故障影响时间。

表 6.1 变桨系统故障类型

编号	故障	信号	类型
1	传感器故障	位置传感器电气故障	定值
2		位置传感器机械故障	增益系数
3		转子转速传感器电气故障	定值
4		转子转速传感器机械故障	增益系数
5		发电机转速传感器电气故障	定值
6		发电机转速传感器机械故障	增益系数
7	执行器故障	转换器故障	补偿
8		主管路液压下降	动态变化
9		油中空气含量过高	动态变化

表 6.2 故障的严重性和影响时间

编号	后果	严重性	影响时间
1	测量错误，重新配置系统	低	中
2			
3			
4			
5			
6			
7	扭矩控制慢，存在严重问题	高	快
8	泵或泄漏问题，控制动作慢	高	中
9	油中空气含量高，控制动作慢	中	慢

应注意的是，由于传感器的物理冗余，所有传感器故障的严重程度都设置为低，如果快速检测到传感器故障并且传感器系统重新配置，则不应出现传感器故障。还应注意的是，由于摩擦增加，传动系的动态变化并没有那么严重，但这表明传动系磨损，最终导致传动系完全损坏，这意味着严重故障。

6.2　基于滑模的容错控制方法

引理 6.1（Schur 补引理）　给定一个矩阵 $S = \begin{bmatrix} S_{11} & S_{12} \\ S_{21}^{\mathrm{T}} & S_{22} \end{bmatrix}$，其中 $S_{11} = S_{11}^{\mathrm{T}}$，

$S_{22} = S_{22}^{\mathrm{T}}$，则以下三个结论是相互等价的。

（1）$S < 0$，即矩阵 S 是负定的；

（2）$S_{22} < 0$，$S_{11} - S_{12}S_{22}^{-1}S_{12}^{\mathrm{T}} < 0$，即矩阵 S_{22} 和 $S_{11} - S_{12}S_{22}^{-1}S_{12}^{\mathrm{T}}$ 是负定的；

（3）$S_{11} < 0$，$S_{22} - S_{12}^{\mathrm{T}}S_{11}^{-1}S_{12} < 0$，即矩阵 S_{11} 和 $S_{22} - S_{12}^{\mathrm{T}}S_{11}^{-1}S_{12}$ 是负定的。

所设计的容错控制器如式（6.1）所示：

$$u(t) = u_{\text{norm}} + u_f \tag{6.1}$$

其中，u_{norm} 是桨距控制器在桨距系统无故障情况下的控制输出，且此处采用本书前面所提出的控制策略；u_f 是重构控制器在桨距系统故障情况下对故障影响的补偿输入。

6.2.1　重构控制器设计

令矩阵 $G = B^+$，使 $GB = I_m$，其中 B^+ 是 B 的广义逆矩阵。重构控制器设计如式（6.2）所示：

$$u_f = K\hat{x}(t) - \delta^{-1}GB_a u_{s1}(t) - GMu_{s3}(t) - \gamma_2\hat{s}(t) - \rho(t)\text{sgn}(\hat{s}(t)) \tag{6.2}$$

其中，$\rho(t) = \| GL_{P1} \| \| \overline{C}e(t) \| + \delta^{-1} \| GB_a \| \| \dot{\hat{f}}_a(t) \|$；$\gamma_2 > 0$ 为待设计的小常参数。

考虑到矩阵条件：

$$\overline{B}_f^{\mathrm{T}}\overline{W}^{\mathrm{T}}\overline{P} = \overline{H}\overline{C} \tag{6.3}$$

不能在 MATLAB 的 LMI 工具箱中直接求解，因此需要将此条件转换成如式（6.4）所示的矩阵不等式形式：

$$(\overline{B}_f^{\mathrm{T}}\overline{W}^{\mathrm{T}}\overline{P} - \overline{H}\overline{C})^{\mathrm{T}}(\overline{B}_f^{\mathrm{T}}\overline{W}^{\mathrm{T}}\overline{P} - \overline{H}\overline{C}) < \vartheta I_{\bar{n}} \tag{6.4}$$

其中，$\vartheta > 0$ 是待设计的常参数。

通过使用引理 6.1，则可知式（6.4）等价于式（6.5）：

$$\begin{cases} \min(\vartheta) \\ \text{s.t.}\Pi = \begin{bmatrix} -\vartheta I_{\bar{n}} & (\overline{B}_f^{\mathrm{T}}\overline{W}^{\mathrm{T}}\overline{P} - \overline{H}\overline{C})^{\mathrm{T}} \\ (\overline{B}_f^{\mathrm{T}}\overline{W}^{\mathrm{T}}\overline{P} - \overline{H}\overline{C}) & I_{q+l+h} \end{bmatrix} < 0 \end{cases} \tag{6.5}$$

因此，就将矩阵等式条件（6.3）的设计问题转换成一个如式（6.5）所示的 LMI 优化求解问题。

6.2.2　重构控制器稳定性条件

引理 6.2　在式（6.6）所示的滑模输入 $u_s(t)$ 和式（6.2）所示的重构控制率的作用下，如果存在矩阵 $R \in \mathbf{R}^{n \times n} > 0$，$\bar{P} \in \mathbf{R}^{\bar{n} \times \bar{n}} > 0$ 以及 $\bar{H} \in \mathbf{R}^{(q+h) \times p}$，使式（6.7）所示的 LMI 优化问题有解，则闭环变桨系统的广义误差 $\bar{e}(t)$ 和估计状态 $\hat{x}(t)$ 的轨迹最终能趋近到 $\tilde{s}(t) = 0$ 和 $\hat{s}(t) = 0$ 的滑模面上。

$$u_s(t) = -\gamma_1 \, \mathrm{sgn}(\tilde{s}(t)) \tag{6.6}$$

$$\begin{cases} \min(\vartheta) \\ \text{s.t. } \Psi < 0, \Pi < 0 \end{cases} \tag{6.7}$$

证明　选择 Lyapunov 函数如式（6.8）所示。

$$\begin{cases} V_3(t) = V_4(t) + V_5(t) \\ V_4(t) = 0.5\tilde{s}^{\mathrm{T}}(t)(\bar{B}_f^{\mathrm{T}}\bar{W}^{\mathrm{T}}\bar{P}\bar{W}\bar{B}_f)^{-1}\tilde{s}(t) \\ V_5(t) = 0.5\hat{s}^{\mathrm{T}}(t)\hat{s}(t) \end{cases} \tag{6.8}$$

注意到 $\bar{B}_f$ 是列满秩的，因此可以得到 $\bar{B}_f$ 是正定的：

$$\dot{\tilde{s}}(t) = \bar{B}_f^{\mathrm{T}}\bar{W}^{\mathrm{T}}\bar{P}(\bar{W}(\bar{A} - \bar{L}_P\bar{C})\bar{e}(t) + \bar{W}(\bar{L}_s u_s(t) - \bar{B}_f\bar{f}(t))) \tag{6.9}$$

则 $V_4(t)$ 的导数可以表示为

$$\begin{aligned} \dot{V}_4(t) &= \tilde{s}^{\mathrm{T}}(t)(\bar{B}_f^{\mathrm{T}}\bar{W}^{\mathrm{T}}\bar{P}\bar{W}\bar{B}_f)^{-1}\dot{\tilde{s}}(t) \\ &= \tilde{s}^{\mathrm{T}}(t)(\bar{B}_f^{\mathrm{T}}\bar{W}^{\mathrm{T}}\bar{P}\bar{W}\bar{B}_f)^{-1}\bar{B}_f^{\mathrm{T}}\bar{W}^{\mathrm{T}}\bar{P} \\ &\quad \times (\bar{W}(\bar{A} - \bar{L}_P\bar{C})\bar{e}(t) + \bar{W}(\bar{L}_s u_s(t) - \bar{B}_f\bar{f}(t))) \end{aligned} \tag{6.10}$$

其中

$$\begin{aligned} &\tilde{s}^{\mathrm{T}}(t)(\bar{B}_f^{\mathrm{T}}\bar{W}^{\mathrm{T}}\bar{P}\bar{W}\bar{B}_f)^{-1}\bar{B}_f^{\mathrm{T}}\bar{W}^{\mathrm{T}}\bar{P}(\bar{W}(\bar{L}_s u_s(t) - \bar{B}_f\bar{f}(t))) \\ &= \tilde{s}^{\mathrm{T}}(t)(u_s(t) - \bar{f}(t)) \\ &< -(\gamma_1 - (\delta\alpha_0 + \alpha_1 + \beta_0 + d_0))\|\tilde{s}(t)\|_1 \end{aligned} \tag{6.11}$$

将式（6.11）代入式（6.10），可以得到

$$\begin{aligned} \dot{V}_4(t) &< -(\gamma_1 - (\delta\alpha_0 + \alpha_1 + \beta_0 + d_0))\|\tilde{s}(t)\|_1 + \|\tilde{s}(t)\|_1 \|(\bar{B}_f^{\mathrm{T}}\bar{W}^{\mathrm{T}}\bar{P}\bar{W}\bar{B}_f)^{-1} \\ &\quad \times \bar{B}_f^{\mathrm{T}}\bar{W}^{\mathrm{T}}\bar{P}\bar{W}(\bar{A} - \bar{L}_P\bar{C})\| \times \|\bar{e}(t)\| \end{aligned} \tag{6.12}$$

定义 $\ell \triangleq \|(\bar{B}_f^{\mathrm{T}}\bar{W}^{\mathrm{T}}\bar{P}\bar{W}\bar{B}_f)^{-1}\bar{B}_f^{\mathrm{T}}\bar{W}^{\mathrm{T}}\bar{P}\bar{W}(\bar{A} - \bar{L}_P\bar{C})\|$，根据式（6.12）可以得到

$$\dot{V}_4(t) < -\|\tilde{s}(t)\|_1 ((\gamma_1 - (\delta\alpha_0 + \alpha_1 + \beta_0 + d_0)) - \ell\|\bar{e}(t)\|) \tag{6.13}$$

下面定义区域 $\Omega(\ell) \triangleq \{\gamma_1 - (\delta\alpha_0 + \alpha_1 + \beta_0 + d_0)) - \ell\|\bar{e}(t)\| > 0\}$，则在区域 $\Omega(\ell)$

内很明显可以看出 $\dot{V}_4(t) < 0$。因此可知，变桨系统中 $\overline{e}(t)$ 的轨迹最终会进入区域 $\Omega(\ell)$ 并保留在此区域。因此，$\overline{e}(t)$ 的轨迹将最终到达滑模面 $\tilde{s}(t) = 0$。

基于所估计的状态 $\hat{x}(t)$ 得到的滑模面为

$$\hat{s}(t) = G\hat{x}(t) - \int_0^t G(A + BK)\hat{x}(\tau)\mathrm{d}\tau$$

所以

$$\dot{\hat{s}}(t) = G(-L_{P1}\overline{C}e(t) + \delta^{-1}B_a u_{s1}(t) + Mu_{s3}(t) - \delta^{-1}B_a\dot{\hat{f}}_a(t)) \qquad (6.14)$$
$$+ GB(u(t) - K\hat{x}(t))$$

根据式（6.14）和式（6.8）可以推导得到

$$\dot{V}_5(t) = \hat{s}^{\mathrm{T}}(t)\dot{\hat{s}}(t)$$
$$= \hat{s}^{\mathrm{T}}(t)(G(-L_{P1}\overline{C}e(t) + \delta^{-1}B_a u_{s1}(t) \qquad (6.15)$$
$$+ Mu_{s3}(t) - \delta^{-1}B_a\dot{\hat{f}}_a(t)) + GB(u(t) - K\hat{x}(t)))$$

将式（6.2）替代式（6.15）中的 $u(t)$，可以得到

$$\dot{V}_5(t) = -\hat{s}^{\mathrm{T}}(t)(GL_{P1}\overline{C}e(t) + \delta^{-1}GB_a\dot{\hat{f}}_a(t)) \qquad (6.16)$$
$$- \gamma_2 \| \hat{s}(t) \|^2 - \rho(t)\hat{s}^{\mathrm{T}}(t)\mathrm{sgn}(\hat{s}(t))$$

考虑到 $\tilde{s}^{\mathrm{T}}(t)\mathrm{sgn}(\tilde{s}(t)) = \| \tilde{s}(t) \|_1$，$\| \hat{s}(t) \| \leqslant \| \hat{s}(t) \|_1$，则可以得到

$$\dot{V}_{s2}(t) \leqslant -\hat{s}^{\mathrm{T}}(t)(L_{P1}\overline{C}e(t) + \delta^{-1}GB_a\dot{\hat{f}}_a(t))$$
$$- (\| GL_{P1} \| \| \overline{C}e(t) \| + \delta^{-1} \| GB_a \| \| \dot{\hat{f}}_a(t) \|) \| \hat{s}(t) \|_1 - \gamma_2 \| \hat{s}(t) \|^2$$
$$\leqslant (\| GL_{P1} \| \| \overline{C}e(t) \| + \delta^{-1} \| GB_a \| \| \dot{\hat{f}}_a(t) \|) \| \hat{s}(t) \|_1 \qquad (6.17)$$
$$- (\| GL_{P1} \| \| \overline{C}e(t) \| + \delta^{-1} \| GB_a \| \| \dot{\hat{f}}_a(t) \|) \| \hat{s}(t) \|_1 - \gamma_2 \| \hat{s}(t) \|^2$$
$$\leqslant -\gamma_2 \| \hat{s}(t) \|^2 \leqslant 0$$

因此，最终可以证明：当 $\hat{s}(t) \neq 0$ 时，有 $\dot{V}_3(t) = \dot{V}_4(t) + \dot{V}_5(t) < 0$。即可以得出闭环变桨系统中的轨迹 $\overline{e}(t)$ 和 $\hat{x}(t)$ 最终会分别趋向滑模面 $\tilde{s}(t) = 0$ 和 $\hat{s}(t) = 0$。

6.2.3　仿真分析

在本章中，主要考虑的漂浮式风电机组变桨系统故障是变桨执行器液压泄漏和桨距传感器偏差输出。根据给定的漂浮式风电机组变桨系统在变桨执行器故障、桨距传感器故障和系统不确定的情况下的动态模型，结合已有的桨距系统模型，下面将具体给出控制器设计所需的相关参数矩阵。

$$A = \begin{bmatrix} 0 & 1 \\ -123.4321 & -13.3320 \end{bmatrix}, \quad B = \begin{bmatrix} 0 \\ 123.4321 \end{bmatrix}, \quad B_a = \begin{bmatrix} 0 \\ 123.4321 \end{bmatrix}, \quad M = \begin{bmatrix} -0.2 \\ 0 \end{bmatrix}$$

$$C = \begin{bmatrix} 1 & 0 \\ 0 & 1 \end{bmatrix}, \quad D_a = \begin{bmatrix} 1 \\ 1 \end{bmatrix}, \quad D_s = \begin{bmatrix} 1 \\ 0 \end{bmatrix}, \quad \omega_{n0} = 11.11 \text{rad/s}, \quad \omega_{nf} = 3.42 \text{rad/s}, \quad \varepsilon_0 = 0.6$$

$$\varepsilon_f = 0.9, \quad d(\cdot) = 0.2\cos(6t) + 0.5\sin(2t), \quad \theta_f = \begin{cases} 0, & 0 \leqslant t \leqslant 70 \\ 1, & 70 < t \leqslant 100 \end{cases}$$

$$f_s(t) = \begin{cases} 0, & 0 \leqslant t \leqslant 40 \\ f_s \cdot \beta(t), & 40 < t \leqslant 100 \end{cases}$$

为了验证上述容错控制方法的有效性，本节基于 FAST 和 MATLAB/Simulink 联合仿真平台进行控制策略的仿真验证。所使用的的驳船式漂浮式风电机组的详细参数见表 6.1，其中仿真所需的风和浪条件如图 6.1 所示。

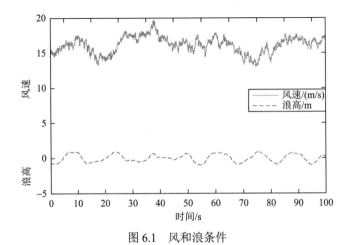

图 6.1　风和浪条件

设计微分增益矩阵 $\overline{L}_D = \begin{bmatrix} 0 & 0 & 0 & 1 & 0 \\ 0 & 0 & 0 & 0 & 1 \end{bmatrix}^{\mathrm{T}}$，则矩阵 $\overline{S}$ 和 $\overline{W}$ 可以通过计算得到，且可以使 $\overline{S}$ 是非奇异的。

选择参数 $\mu = -\lambda_{\min}(\overline{WA}) + 5 = 5.55$，使 $\mathrm{Re}(\lambda_i(\overline{WA})) > -\mu$ 对 $i = 1, 2, \cdots, \overline{n}$ 成立。因此，可以进一步计算得到比例增益矩阵 $\overline{L}_P$ 如下所示：

$$\overline{L}_P = 10^4 \times \begin{bmatrix} 0.0001 & 0.0165 & -0.0001 & 0.0009 & 0.0000 \\ -0.0051 & -1.0953 & 0.0049 & 0.0000 & 0.0015 \end{bmatrix}^{\mathrm{T}}$$

选择参数 $\varpi = 0.1$，通过求解 LMI 优化条件，得到矩阵 R 和 $\overline{H}$ 的可行解，如下所示：

$$R = \begin{bmatrix} 0.1820 & 0.0099 \\ 0.0099 & 0.0015 \end{bmatrix}, \quad \overline{H} = \begin{bmatrix} 1.0658 & 51.8549 & -0.1291 \\ -0.1255 & -2.1491 & 0.0092 \end{bmatrix}^{\mathrm{T}}$$

选择参数矩阵 G 和 K 如下所示：

$$G = [0 \ \ 0.0081] , \quad K = 10^{-4} \times [0.0174 \ \ -0.3215]$$

考虑到前面所设计的滑模输入 $u_s(t)$ 是非连续的信号，为了避免控制输入导致的过度震颤，在仿真中采用连续函数 $\tilde{s}(t) / (\| \tilde{s}(t) \| + o)$ 和 $\hat{s}(t) / (\| \hat{s}(t) \| + o)$ 来替代符号函数 $\mathrm{sgn}(\tilde{s}(t))$ 和 $\mathrm{sgn}(\hat{s}(t))$。仿真结果如图 6.2～图 6.9 所示。

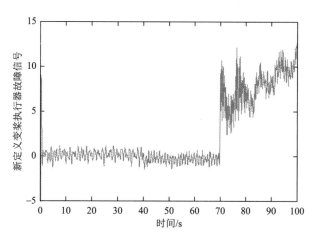

图 6.2　当 $f_s = -0.2$ 时，新定义的桨距执行器故障 fa 的估计值

其中，桨距执行器故障信号 fa 的估计值如图 6.2 所示。然而，由于该故障信号与系统状态之间存在强烈的耦合性，因此 fa 并不能直观地反映出桨距执行器故障的严重性。可以对桨距执行器原始故障信号即故障因子进行重构，从而可以直观判断桨距执行器故障的严重性。重构的故障因子如图 6.3 所示。

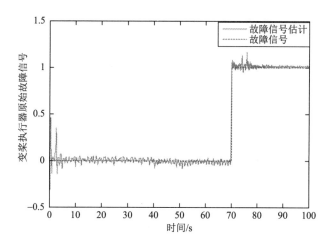

图 6.3　当 $f_s = -0.2$ 时，桨距执行器原始故障信号及其估计值

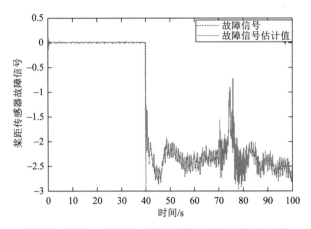

图 6.4   当 $f_s = -0.2$ 时，桨距传感器故障及其估计值

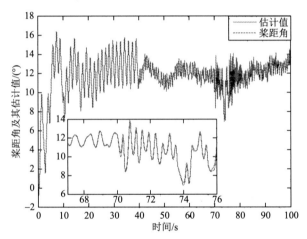

图 6.5   当 $f_s = -0.2$ 时，桨距角及其估计值

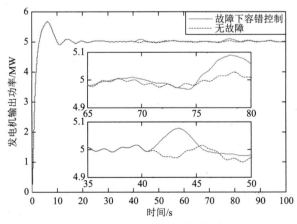

图 6.6   当 $f_s = -0.2$ 时，发电机输出功率

从图 6.3～图 6.5 可以看出，桨距传感器和桨距执行器分别在第 40s 和第 70s 出现故障，在第 70s 后变桨系统同时存在执行器和传感器故障。同时从仿真效果可以看出，所设计的广义滑模观测器不仅可以在桨距系统无故障时对所定义的广义系统状态（原系统状态、执行器故障、传感器故障）实现有效估计，而且当系统出现故障时仍然能够实现有效的估计效果。

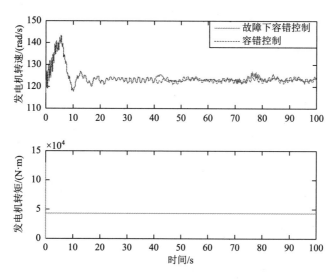

图 6.7　当 $f_s = -0.2$ 时，发电机转速和转矩

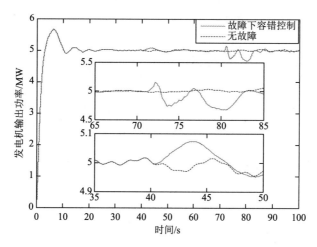

图 6.8　当 $f_s = -0.3$ 时，发电机输出功率

从图 6.6～图 6.9 可以看出，无论在系统只出现传感器故障还是系统同时存在传感器和执行器故障，所提的容错控制策略都能够在很短的时间内使风电机组的

输出功率和发电机转速跟踪无故障时的发电机输出功率和转速。从图 6.8 和图 6.9 可以进一步看出，当传感器的输出偏差从 20% 增加到 30% 时，虽然发电机的输出功率和转速出现较大波动，但仍能够快速地跟踪无故障时的输出功率和转速。

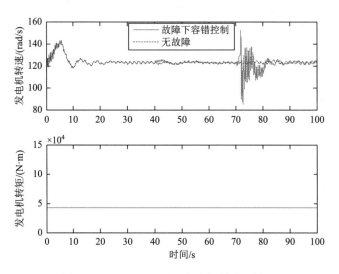

图 6.9 当 $f_s = -0.3$ 时，发电机转速和转矩

由此可见，本章所设计的容错控制策略能够在漂浮式风电机组变桨系统同时出现执行器和传感器故障的情况下实现良好的容错效果，在一定程度上提高了风电机组的可靠性，达到了控制器设计的预期目标。

6.3 基于神经网络的容错控制方法

本节深入研究了风力机独立变桨距系统的跟踪问题，设计了神经自适应跟踪控制器；实现了对叶片期望桨距角的独立跟踪；达到了最终一致有界跟踪控制目标。

6.3.1 问题描述

独立变桨距系统是一类多输入多输出（MIMO）非线性快速时变系统。本节为解决此类非线性 MIMO 系统的跟踪控制问题，提出如下的非线性 MIMO 系统：

$$\begin{bmatrix} \ddot{y}_1 \\ \ddot{y}_2 \\ \ddot{y}_3 \end{bmatrix} = F(x) + G(\bar{x})H(u) \tag{6.18}$$

其中，$y = [y_1, \cdots, y_m]^T \in \mathbf{R}^m$ 和 $x = [y_1, \dot{y}_1, \cdots, y_1^{(n_1-1)}, \cdots, y_m, \dot{y}_m, \cdots, y_m^{(n_m-1)}] \in \mathbf{R}^n$ 分别为输

出向量和状态向量；$F(x) \in \mathbf{R}^m$ 是一个连续的未知非线性函数向量；$G(\bar{x}) \in \mathbf{R}^{m \times m}$ 是一个未知的非线性平滑函数增益矩阵；$x = [y_1, \dot{y}_1, \cdots, y_1^{(n_1-1)}, \cdots, y_m, \dot{y}_m, \cdots, \dot{y}_m^{(n_m-1)}] \in \mathbf{R}^{n-m}$ 和 $H(u) = [h_1(u_1), \cdots, h_m(u_m)]^T \in \mathbf{R}^m$ 表示具有未知驱动特性的系统的控制向量，这里 u 是实际的控制设计。本节中，两个典型的驱动模型如图 6.10 所示。其中，实线表示非对称非光滑饱和函数 $h_i(u_i)$，虚线表示光滑逼近函数 $\Gamma_i(u_i)$。

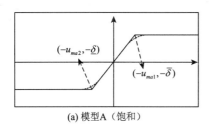 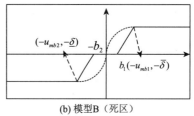

(a) 模型A（饱和）　　　　　　　　(b) 模型B（死区）

图 6.10　非线性模型

模型 A：具有未知坡度的非对称非光滑饱和函数：

$$h_i(u_i) = \begin{cases} \bar{\delta}, & u_i > u_{ma_1} \\ l(u_i), & -u_{ma_2} \leqslant u_i \leqslant u_{ma_1}, \quad i = 1, \cdots, m \\ -\underline{\delta}, & u_i < -u_{ma_2} \end{cases} \tag{6.19}$$

其中，$u_{ma_1} > 0$ 和 $-u_{ma_2} < 0$ 表示断点。

模型 B：死区非对称非光滑饱和函数：

$$h_i(u_i) = \begin{cases} \bar{\delta}, & u_i > u_{mb_1} \\ l_1(u_i - b_1), & b_1 < u_i \leqslant u_{mb_1} \\ 0, & -b_2 \leqslant u_i \leqslant b_1 \quad , \quad i = 1, \cdots, m \\ l_2(u_i + b_2), & -u_{mb_2} \leqslant u_i < -b_2 \\ -\underline{\delta}, & u_i < -u_{mb_2} \end{cases} \tag{6.20}$$

其中，l_1 和 l_2 是死区的坡度特征；$b_1 > 0$，$-b_2 < 0$ 和 $u_{ma_1} > 0$ 表示断点。

备注 6.1　MIMO 系统（6.18）还可以描述许多物理系统，如机器人、机械手、卫星和电机。注意，$F(x)$ 可以包含许多时变不确定性和外部干扰。控制增益矩阵 $G(\bar{x})$ 仅取决于状态向量 $\bar{x}$。

为了解决非光滑非对称执行器的非线性问题，采用定义良好的光滑函数逼近饱和函数，其形式为

$$h_i(u_i) = \Gamma_i(u_i) + \varpi_i(u_i), \quad i = 1, \cdots, m \tag{6.21}$$

$$\Gamma_i(u_i) = \frac{\bar{\delta} \mathrm{e}^{(\epsilon + \eta u_i)} - \underline{\delta} \mathrm{e}^{-(\epsilon + \eta u_i)}}{\mathrm{e}^{(\epsilon + \eta u_i)} + \mathrm{e}^{-(\epsilon + \eta u_i)}} \tag{6.22}$$

其中，$\epsilon = 0.5\ln(\underline{\delta}/\bar{\delta})$ 和 $\eta > 0$ 是设计参数，图 6.10 显示两种非光滑饱和函数的近似值。作为有界函数 $\Gamma_i(u_i)$ 和饱和函数 $h_i(u_i)$，我们知道函数 $\varpi_i(u_i)$ 是有界的，即 $|\varpi_i(u_i)| < D_i$，其中 D_i 是一个正的未知常数。

在 $\Gamma(u)$ 的帮助下，原始系统（6.18）可以表示为

$$y^{(n)} = F(x) + G(\bar{x})(\Gamma(u) + \varpi(u)) \tag{6.23}$$

其中，$y^{(n)} = [y_1^{(n_1)}, \cdots, y_m^{(n_m)}]^{\mathrm{T}}$；$\Gamma(u) = [\Gamma_1(u_1), \cdots, \Gamma_m(u_m)]^{\mathrm{T}}$；$\varpi(u) = [\varpi_1(u_1), \cdots, \varpi_m(u_m)]^{\mathrm{T}}$。

根据中值定理，存在常数 $\alpha_i(0 < \alpha_i < 1)$，所以得到

$$\Gamma_i(u_i) = \Gamma_i(u_{i0}) + l_i(\xi_i)(u_i - u_{i0}) \tag{6.24}$$

其中，由于 $\Gamma_i(u_i)$ 是非递减函数，存在一些正常数 l_m 和 l_M：

$$0 < l_m < l_i(\xi_i) < l_M < \infty, \quad i = 1, \cdots, m$$

$$l_i(\xi_i) = \frac{\partial \Gamma_i(u_i)}{\partial u_i}\Big|_{u_i = \xi_i} \tag{6.25}$$

$$\xi_i = \alpha_i u_i + (1 - \alpha_i)u_{i0}$$

通过选择 $u_{i0} = 0$ 和 $\Gamma_i(0) = 0$，很容易得到

$$\Gamma_i(u_i) = l_i(\xi_i)u_i \tag{6.26}$$

借助式（6.24），系统（6.23）可以表示为

$$y^{(n)} = F(x) + G(\bar{x})L(\xi)u + G(\bar{x})\varpi(u) \tag{6.27}$$

其中

$$L(\xi) = \begin{bmatrix} l_1(\xi_1) & & & \\ & l_2(\xi_2) & & \\ & & \ddots & \\ & & & l_m(\xi_m) \end{bmatrix} \tag{6.28}$$

备注 6.2　如图 6.10 所示，控制输入 $h_i(u_i)$ 在断点处非平滑变化，这对直接控制设计和分析提出了技术挑战。引入了一个有界的光滑函数 $\Gamma_i(u_i)$ 来逼近 $h_i(u_i)$。由于 $\Gamma_i(u_i)$ 是 u_i 的光滑函数，我们可以利用函数 $\Gamma_i(u_i)$ 的中值定理，这样 u 就可以在系统（6.18）中被明确地分开。采用这种处理方式，便于我们稍后控制器的设计。

6.3.2　控制器设计

现在开始设计一个控制方案，能够在规定的速率收敛下达到可调的跟踪精度。为了继续设计，需要做出以下假设和定义，这些假设和定义在文献中都是很标准的。

假设 6.1　期望的跟踪轨迹 $y_{di}(i = 1, \cdots, m)$ 以及它们的 n_i 阶导数都是已知的有界时间光滑函数。状态向量 x 可用于控制设计。

假设 6.2　已知控制增益矩阵 $G(\bar{x})$ 为正定或负定。在不失一般性的前提下，这里假定 $G(\bar{x})$ 是正定的。

基于 6.2 节建立的二阶模型进行神经自适应控制器的设计，定义如下输出跟踪误差：

$$e = y - y_d \tag{6.29}$$

其中，$y = [y_1, \cdots, y_m]^T \in \mathbf{R}^m$ 为实际输出；$y_d = [y_{d1}, \cdots, y_{dm}]^T \in \mathbf{R}^m$ 为期望的轨迹。为了提高跟踪性能，引入了误差变换：

$$\varepsilon_i(t) = \vartheta(t) e_i(t) \tag{6.30}$$

其中，$\vartheta(t)$ 为时变速率函数，其中，$0 < b_f \leq 1$ 是设计参数：

$$\vartheta(t) = \frac{1}{(1-b_f)\kappa(t)^{-1} + b_f} \tag{6.31}$$

定义 6.1　只要以下属性保持不变，实函数 $\kappa(t)$ 就被限定为速率函数：

$\kappa(t)$ 对于所有 $t \in [0, \infty)$ 是一个正的单调递增的时间函数，因此 $\kappa(t)^{-1}$ 是正的，严格地递减，并且 $\lim\limits_{t \to \infty} \kappa(t)^{-1} = 0$；

$\kappa(0) = 1$；

$\kappa(t)$ 对于 $t \in [0, \infty)$ 是 C^n。

显然，$1 + t^2$、e^t、$(1+t^2)e^t$ 等函数都具有这些性质，从构建 $\vartheta(t)$ 给出的定义可以看出，$\vartheta(t)$ 是具有上界的单调递增时间函数，并显示了以下易于验证的性质：

对于所有 $t \geq 0$，$\vartheta(t)$ 从 1 到 b_f^{-1} 单调递增，$\vartheta(t) \in [1, b_f^{-1}]$；

对于所有 $t \geq 0$，$\vartheta^2(t)$ 从 1 到 b_f^{-2} 单调递增，$\vartheta^2(t) \in [1, b_f^{-2}]$；

认为 $\vartheta(0) = 1$，

$$\dot{\vartheta}(t) = \frac{(1-b_f)\dot{\kappa}(t)}{(1-b_f + b_f\kappa(t))^2} \tag{6.32}$$

$$\ddot{\vartheta}(t) = \frac{(1-b_f)(\ddot{\kappa}(t)(1-b_f + b_f\kappa(t)) - 2b_f\dot{\kappa}^2(t))}{(1-b_f + b_f\kappa(t))^3} \tag{6.33}$$

由于 $\vartheta(t)$ 在 $t \in [0, \infty)$ 中是有界光滑的，那么 $\dot{\vartheta}(t)$ 是有界的，注意 $\dot{\kappa}(t)$ 存在且光滑，因此 $\dot{\vartheta}(t)$ 是光滑有界的，这意味着 $\ddot{\vartheta}(t)$ 是有界光滑的，正如 $\dot{\kappa}(t)$ 和 $\ddot{\kappa}(t)$ 是预先定义好的。在这个问题上，可以发现 $\vartheta^{(j)}(t)(j = 0, 1, \cdots, \infty)$ 对于 $t \in [0, \infty)$ 是有界且平滑的。

进一步定义一个新的过滤变量 $E_i(t)$：

$$E_i(t) = \left(\frac{\mathrm{d}}{\mathrm{d}t} + \lambda_i\right)^{n_i - 1} \varepsilon_i(t), \quad i = 1, \cdots, m \tag{6.34}$$

其中，$\lambda_i(i = 1, \cdots, m)$ 是要选择的正常数，因此如果 $E_i(t)$ 变为零或在一个界限内，

那么 $\varepsilon_i(t)$ 也变为零。值得注意的是，滤波器变量 $E_i(t)$ 不是直接基于 $e_i(t)$，而是基于转换后的误差 $\varepsilon_i(t)$。这种处理，加上其他的设计技巧，使得上述控制目标能够同时实现，正如后面章节所述。

在时域离散化式（6.34）得到

$$\dot{E}_i(t) = \sum_{j=1}^{n_i-1} C_{n_i-1}^j \lambda_i^j \varepsilon_i^{(n_i-j)}(t) + \varepsilon_i^{(n_i)}(t)$$

$$= \sum_{j=1}^{n_i-1} C_{n_i-1}^j \lambda_i^j \varepsilon_i^{(n_i-j)}(t) + \vartheta e_i^{(n_i)}(t)n + \sum_{j=1}^{n_i} C_{n_i}^j \vartheta^{(j)} e_i^{(n_i-j)}(t)n \qquad (6.35)$$

$$= v_i(e_i,\cdots,e_i^{(n_i-1)},t) + \vartheta(y_i^{(n_i)}(t) - y_{di}^{(n_i)}(t))$$

其中

$$C_{n_i}^j = \frac{n_i!}{j!(n_i-j)!}, \quad C_{n_i-1}^j = \frac{(n_i-1)!}{j!(n_i-j-1)!} \qquad (6.36)$$

$$v_i(e_i,\cdots,e_i^{(n_i-1)},t) = \sum_{j=1}^{n_i-1} C_{n_i-1}^j \lambda_i^j \varepsilon_i^{(n_i-j)}(t) + \sum_{j=1}^{n_i} C_{n_i}^j \vartheta^{(j)} e_i^{(n_i-j)}(t)$$

结合式（6.27）和式（6.35）得到

$$\dot{E} = v + \vartheta(F(x) + G(\overline{x})L(\cdot)u + G(\overline{x})\varpi(u) - y_d^{(n)}) \qquad (6.37)$$

其中，$\dot{E} = [\dot{E}_1(t),\cdots,\dot{E}_m(t)]^{\mathrm{T}}$ 和 $v = [v_1(e_1,\cdots,e_1^{(n_1-1)},t),\cdots,v_m(e_m,\cdots,e_m^{(n_m-1)},t)]^{\mathrm{T}}$ 是可以计算的。通过在式（6.37）右边加上或者减去 $-c_1 E$，得到

$$\dot{E} = -c_1 E + \vartheta G(\overline{x})L(\cdot)u + \vartheta(F(x) + G(\overline{x})\varpi(u)) + \vartheta\eta \qquad (6.38)$$

其中，c_1 是一个正的设计参数，并且 $\eta = \vartheta^{-1}v + \vartheta^{-1}c_1 E - y_d^{(n)}$ 在构造控制器时可用。

神经网络已广泛应用于各种控制的设计。本节采用径向基函数神经网络对未知函数进行逼近。基于已知的近似性质，在紧集 Ω_x 上给定一个连续的非线性标量函数 $\Pi(x)$，存在一个理想的 RBFNN，能够将光滑非线性函数近似到任意精度，如下所示：

$$\Pi(x) = W^{\mathrm{T}}S(x) + \epsilon(x), \quad |\epsilon(x)| \leqslant \overline{\epsilon}, \forall x \in \Omega_x \qquad (6.39)$$

其中，$W \in \mathbf{R}^p$ 是带有 p 节点数的权重向量；$S(x) = [S_1(x),\cdots,S_p(x)]^{\mathrm{T}} \in \mathbf{R}^p$ 是基本函数向量；$\epsilon(x)$ 表示近似误差；$\overline{\epsilon}$ 是常量。我们选择 $S_i(x)$ 作为 $S(x)$ 高斯函数：

$$S_i(x) = \exp\left(-\frac{(x-\tau_i)^{\mathrm{T}}(x-\tau_i)}{2\psi^2}\right), \quad i = 1,\cdots,p \qquad (6.40)$$

$$\psi = \frac{d_{\max}}{\sqrt{2p}} \qquad (6.41)$$

其中，$\tau_i \in \mathbf{R}^n$ 是基础函数的中心，为常数；$d_{\max}$ 为选取中心之间最大宽度。

利用式（6.31）中定义的 $\vartheta(t)$ 函数，我们构建了以下加速神经自适应控制方案：

$$u = -(\delta \hat{a} \phi^2(x) \varphi^2) \vartheta E \tag{6.42}$$

具有适应规律：

$$\dot{\hat{a}} = -\mu \hat{a} + \delta \vartheta^2 \phi^2(x) \varphi^2 \| E \|^2 \tag{6.43}$$

$$\phi(x) = \| S(x) \| + 1 \tag{6.44}$$

$$\varphi = 1 + \| \eta \| + \| \vartheta^{-1} E \| \tag{6.45}$$

其中，$\delta > 0$ 和 $\mu > 0$ 由设计者选择。值得注意的是，所提出的控制方法具有几个吸引人的结构特征：①它具有反馈控制形式，其中反馈增益由常数增益和自适应增益组成；②它建立在 ϑE 的反馈之上，是 E 的缩放版本；③将速率函数融入自适应增益，以加快跟踪过程。这些组合特征在建立以下结果中起着非常重要的作用。

引理 6.3　考虑非线性 MIMO 系统（6.18），以及非对称非光滑执行器饱和式（6.19）或式（6.20）。在假设 6.1 和假设 6.2 条件下，如果控制器（6.42）和自适应律（6.43）被应用，那么对于任何有界初始条件，都可以实现以下目标：O_1 所有内部信号都是有界的；控制动作在任何地方都是一致连续的；不涉及过大的初始控制力。O_2 跟踪误差 e 在主跟踪过程中收敛到一个具有可分配衰减率的可调残差集。O_3 跟踪误差的衰减率不仅与系统初始值无关，而且可以预先分配，还可以通过适当调整设计参数使补偿集足够小。

6.3.3　稳定性分析

本节将分析并证明 6.3.2 节中设计的神经自适应跟踪控制方法的收敛性及稳定性。利用 Lyapunov 稳定性定理及最终一致有界定理，证明了系统变量均是有界的，跟踪误差是最终一致有界的，从而使系统保持稳定。

证明　首先，我们考虑正定二次形式：

$$V_1 = \frac{1}{2} E^T G^{-1}(\overline{x}) E \tag{6.46}$$

沿式（6.38）的导数可以表示为

$$
\begin{aligned}
\dot{V}_1 &= E^T G^{-1}(\overline{x}) \dot{E} + \frac{1}{2} E^T \dot{G}^{-1}(\overline{x}) E \\
&= -c_1 E^T G^{-1}(\overline{x}) E + \vartheta E^T L(\cdot) u + \vartheta E^T G^{-1}(\overline{x}) \eta \\
&\quad + \vartheta E^T G^{-1}(\overline{x}) (F(x) + G(\overline{x}) \varpi(u)) + \frac{1}{2} E^T \dot{G}^{-1}(\overline{x}) E \\
&= -c_1 E^T G^{-1}(\overline{x}) E + \vartheta E^T L(\cdot) u + \vartheta E^T G^{-1}(\overline{x}) \eta + \vartheta E^T \Delta(x) + \frac{1}{2} E^T \dot{G}^{-1}(\overline{x}) E
\end{aligned}
\tag{6.47}
$$

其中，c_1 为正设计参数，$\eta = \vartheta^{-1} v + \vartheta^{-1} c_1 E - y_d^{(n)}$ 和 $\Delta(x) = G^{-1}(\overline{x})(F(x) + G(\overline{x}) \varpi(u))$ 可

用于构造控制器。根据 $\varpi_i(u)$ 在式（6.47）中是有界的，可以得出结论，存在连续函数 $\Pi(x) \in \mathbf{R}$，例如：

$$\max(|\Delta(x)|, \| G^{-1}(\overline{x}) \|, \| \dot{G}^{-1}(\overline{x}) \|) \leqslant \Pi(x) \tag{6.48}$$

对于所有 $x \in \mathbf{R}^n$，$t \geqslant 0$。由式（6.47）和式（6.48）得出

$$\dot{V}_1 \leqslant -c_1 E^{\mathrm{T}} G^{-1}(\overline{x}) E + \vartheta E^{\mathrm{T}} L(\cdot)u + \vartheta E^{\mathrm{T}} \left(\Delta(x) + G^{-1}(\overline{x})\eta + \frac{1}{2}\vartheta^{-1}\dot{G}^{-1}(\overline{x})E \right) \tag{6.49}$$

$$\leqslant -c_1 E^{\mathrm{T}} G^{-1}(\overline{x}) E + \vartheta E^{\mathrm{T}} L(\cdot)u + \vartheta \| E \| \Pi(x)\varphi$$

其中

$$\varphi = 1 + \| \eta \| + \frac{1}{2}\vartheta^{-1} \| E \| \tag{6.50}$$

由于 $\Pi(x)$ 未知，我们采用 RBFNN 近似如下：

$$\begin{aligned}\Pi(x) &= W^{\mathrm{T}} S(x) + \epsilon(x) \\ &\leqslant \| W^{\mathrm{T}} \| \| S(x) \| + \| \overline{\epsilon} \| \\ &\leqslant a\phi(x)\end{aligned} \tag{6.51}$$

其中，$|\epsilon(x)| \leqslant \overline{\epsilon}$，$a = \max\{\| W^{\mathrm{T}} \|, \| \overline{\epsilon} \|\}$，对于所有 $x \in \Omega_x$，$\phi(x) = \| S(x) \| + 1$，Ω_x 是一个收敛集，将式（6.51）代入式（6.49），变成

$$\dot{V}_1 \leqslant -c_1 E^{\mathrm{T}} G^{-1}(\overline{x}) E + \vartheta E^{\mathrm{T}} L(\cdot)u + \vartheta \| E \| a\phi(x)\varphi \tag{6.52}$$

现在为闭环系定义一个 Lyapunov 函数候选者，如下所示：

$$V = V_1 + \frac{1}{2l_m}\tilde{a}^2 \tag{6.53}$$

其中，V_1 由式（6.46）给出。请注意，$\hat{a}$ 是未知量 a 的估计值，这里引入形式为 $\tilde{a} = a - l_m\hat{a}$ 的参数估计误差，其中 l_m 定义为式（6.25）。通过将这种误差融合到 Lyapunov 函数候选项的第二部分，可以很好地处理未知的执行器饱。对式（6.53）求导并代入式（6.42），整理得到

$$\dot{V} \leqslant -c_1 E^{\mathrm{T}} G^{-1}(\overline{x}) E - \delta\vartheta^2 l_m\hat{a}\phi^2(x)\varphi^2 \| E \|^2 \tag{6.54}$$
$$+ \vartheta \| E \| a\phi(x)\varphi - \tilde{a}\dot{\hat{a}}$$

从杨氏不等式中得到

$$\vartheta\phi(x)\varphi \| E \| \leqslant \delta\vartheta^2\phi^2(x)\varphi^2 \| E \|^2 + \frac{1}{4\delta} \tag{6.55}$$

将式（6.55）代入式（6.54），变成

$$\dot{V} \leqslant -c_1 E^{\mathrm{T}} G^{-1}(\overline{x}) E + \delta\vartheta^2(a - l_m\hat{a})\phi^2(x)\varphi^2 \| E \|^2 + \frac{a}{4\delta} - \tilde{a}\dot{\hat{a}} \tag{6.56}$$

将式（6.43）代入式（6.56）变成

$$\dot{V} \leqslant -c_1 E^{\mathrm{T}} G^{-1}(\overline{x}) E + \mu\tilde{a}\hat{a} + \frac{a}{4\delta} \tag{6.57}$$

注意：

$$
\begin{aligned}
\tilde{a}\hat{a} &= \frac{1}{l_m}\tilde{a}(a-\tilde{a}) \\
&= \frac{1}{l_m}(\tilde{a}a - \tilde{a}^2) \\
&\leqslant \frac{1}{l_m}\left(\frac{1}{2}a^2 + \frac{1}{2}\tilde{a}^2 - \tilde{a}^2\right) \\
&\leqslant \frac{1}{2l_m}(a^2 - \tilde{a}^2)
\end{aligned}
\tag{6.58}
$$

因此，我们得到

$$
\begin{aligned}
\dot{V} &\leqslant -c_1 E^{\mathrm{T}} G^{-1}(\overline{x})E - \frac{\mu}{2l_m}\tilde{a}^2 + \frac{\mu}{2l_m}a^2 + \frac{a}{4\delta} \\
&\leqslant -lV + \Theta
\end{aligned}
\tag{6.59}
$$

有

$$
l = \min(2c_1, \mu)
$$
$$
\Theta = \frac{\mu}{2l_m}a^2 + \frac{a}{4\delta}
\tag{6.60}
$$

因此，从式（6.59）可以得出结论，随着时间的推移，V 进入设置的集 $\Omega_1 = \{V \mid \|V\| \leqslant \Theta l^{-1}\}$。一旦 V 超出设置的集 Ω_1，我们就有了 $\dot{V} < 0$。因此，存在一个有限的时间 T_0，如 $V < \Omega_1$，使得所有 $\forall t > T_0$ 和信号 E 及 $\tilde{a}$ 是半全局一致且最终有界的。然后建立了以下三个重要的结果。

第一步证明目标 O_1 已经实现。

首先证明 E，ε_i，$\dot{\varepsilon}_i$，$\cdots$，$\varepsilon_i^{(n_i-1)}$，e，x 和 $\hat{a}$ 对于 $i = 1,\cdots,m$ 是有界的。将式（6.59）乘以 e^{lt} 得

$$
\frac{\mathrm{d}}{\mathrm{d}t}(V(t)e^{lt}) \leqslant \Theta e^{lt}
\tag{6.61}
$$

不等式（6.61）在 $[0,t]$ 上积分得到

$$
\begin{aligned}
V(t) &\leqslant e^{-lt}V(0) + \frac{\Theta}{l}(1 - e^{-lt}) \\
&\leqslant V(0) + \frac{\Theta}{l}
\end{aligned}
\tag{6.62}
$$

因此，对于任何有界的初始条件 $V \in L_\infty$，这表明 $E \in L_\infty$ 和 $\hat{a} \in L_\infty$。根据式（6.34）可以看出 ε_i，$\dot{\varepsilon}_i$，$\cdots$，$\varepsilon_i^{(n_i-1)} \in L_\infty(i = 1,\cdots,m)$。注意 $e_i = \vartheta^{-1}\varepsilon_i$，因为 ϑ^{-1} 是有界的，所以 e_i，$\dot{e}_i$，$\cdots$，$e_i^{(n_i-1)}$ 也是有界的。这进一步说明了 y_i，$\dot{y}_i$，$\cdots$，$y_i^{(n-1)}$，$\overline{x}$，x 也是有界的。接着证明 $\dot{E}$，$\varepsilon_i^{(n_i)}$，$e_i^{(n_i)}$，$y^{(n)}$，$\dot{\hat{a}}$ 和控制信号 u 是有界的。若 x 和 E 是有界的，那么从式（6.44）和式（6.45）可以得出 φ 和 $\phi(x)$ 是有界的。根据式（6.42）

和式（6.43），可以确定 $u \in L_\infty$ 和 $\dot{a} \in L_\infty$。另外，由式（6.18）可以得出 $\varepsilon_i^{(n_i)}$，$e_i^{(n_i)}$ 和 $y^{(n)}$ 也是有界的。最后证明所提出的控制方案不涉及过大的初始控制工作量。可以将 $\hat{a}(0)$ 设置为 0，然后根据式（6.42）设置初始控制信号 $u(0)$ 为 0，因此避免了过大的初始信号。

第二步我们证明目标 O_1 已经实现。

验证所开发的控制策略的跟踪性能，因为 $2^{-1}\underline{\sigma}(G^{-1})\|E\|^2 G^{-1}(\overline{x})E \leqslant V$，从式（6.62）可以得到

$$\|E\| \leqslant \sqrt{\frac{\dfrac{2\Theta}{l}+2V(0)}{\underline{\sigma}(G^{-1})}} := B_E \tag{6.63}$$

将式（6.34）写成如下的形式：

$$\begin{cases} w_{i,1}(t) = \varepsilon_i(t) \\ w_{i,2}(t) = \dot{w}_{i,1}(t) + \lambda_i w_{i,1}(t) = \left(\dfrac{\mathrm{d}}{\mathrm{d}t}+\lambda_i\right)\varepsilon_i(t) \\ w_{i,3}(t) = \dot{w}_{i,2}(t) + \lambda_i w_{i,2}(t) = \left(\dfrac{\mathrm{d}}{\mathrm{d}t}+\lambda_i\right)^2\varepsilon_i(t) \\ \qquad\qquad\qquad\vdots \\ w_{i,n_i}(t) = \dot{w}_{i,n_i-1}(t) + \lambda_i w_{i,n_i-1}(t) = E_i(t) = \left(\dfrac{\mathrm{d}}{\mathrm{d}t}+\lambda_i\right)^{n_i-1}\varepsilon_i(t) \end{cases} \tag{6.64}$$

求解微分方程（6.64）可得

$$w_{i,n_i-1}(t) = \mathrm{e}^{-\lambda_i t}w_{i,n_i-1}(0) + \frac{E_i}{\lambda_i}(1-\mathrm{e}^{-\lambda_i t}) \tag{6.65}$$

因为 $|E_i| \leqslant \|E\| \leqslant B_E$，所以很明显有

$$|w_{i,n_i-1}(t)| \leqslant |w_{i,n_i-1}(0)| + \frac{B_E}{\lambda_i} := B_{w_i,n_i-1}$$

$$|w_{i,n_i-2}(t)| \leqslant |w_{i,n_i-2}(0)| + \frac{B_{w_i,n_i-1}}{\lambda_i} \leqslant |w_{i,n_i-2}(0)| + \frac{|w_{i,n_i-1}(0)|}{\lambda_i} + \frac{B_E}{\lambda_i^2} \tag{6.66}$$

$$\cdots |w_{i,1}(t)| \leqslant |w_{i,1}(0)| + \frac{|w_{i,2}(0)|}{\lambda_i} + \cdots + \frac{|w_{i,n_i-1}(0)|}{\lambda_i^{n_i-2}} + \frac{B_E}{\lambda_i^{n_i-1}} := B_{\varepsilon_i}$$

因此，存在一个有界函数 $B_\varepsilon = \sqrt{B_{\varepsilon_1} + \cdots + B_{\varepsilon_m}}$ 使得 $\|\varepsilon\| \leqslant B_\varepsilon$。又因为 $e = \vartheta^{-1}\varepsilon$，根据式（6.31）中对 ϑ 的定义，进一步有

$$\|e\| \leqslant (1-b_f)\kappa(t)^{-1}B_\varepsilon + b_f B_\varepsilon \tag{6.67}$$

这里有两部分：第一部分 $(1-b_f)\kappa(t)^{-1}B_\varepsilon$ 是严格控制在不低于 κ^{-1} 下的速率，

我们称 κ^{-1} 为加速衰减率；第二部分 $b_f B_\varepsilon$ 代表可调残余区。因此，当衰减率大于等于 κ^{-1} 时，跟踪误差收敛到紧集 $\Omega':\{e:\|||\,e\,\|||\leqslant b_f B_\varepsilon\}$ 。

第三步我们证明目标 O_1 已经实现。

由于 b_f 是设计者选择的自由参数，通过选择适当的 $b_f>0$ ，可以使紧集 Ω' 任意小。此外，速率函数 $\kappa(t)$ 是从速率函数池中选择的，它独立于初始条件和任何其他参数，因此可以预先分配。

备注 6.3　本节所提的控制方案式（6.42）和式（6.43）分别涉及控制律中的 ϑ 和自适应律中的 ϑ^2 。这里 ϑ 和 ϑ^2 作为 "软" 加速度器来控制增益和自适应增益，因为它们严格但缓慢地随时间增加，并且是有上界的。正是这种特性产生了所需的控制性能，在预先可分配的衰减率下实现跟踪精度的调整。

6.3.4　神经自适应控制仿真

为了验证所提出的控制器的有效性，这里考虑驱动模型 B，它代表了具有死区的非光滑非对称饱和。控制目标是让实际桨距角 β 跟踪所需的轨迹 β^* ，选择神经元总数 $p=89$ ，神经网络中心 $\tau=0$ ，每个高斯函数的宽度相同且 $\psi^2=9$ 。

定义 6.1 中给出了时间函数 $\kappa(t)$ 的定义，因此构建了速率函数 $\vartheta(t)$ ，为了验证该速率函数的有效性，这里进行了对比试验，仿真结果如图 6.11 所示。从速率池中选择 $\kappa(t)=e^t$ 为时间函数， $\kappa(t)=1$ 是无加速度的传统情况。对阶跃跟踪曲线进行跟踪，如图 6.11（a）所示，从图中可以看出，所提出的方法具有更快的衰减率。图 6.11（b）为阶跃跟踪误差曲线图，从图中可以看出，所提出的方法误差更小。因此，与传统控制方法相比，该方法具有跟踪精度高、瞬态响应良好等优点。此外，通过调节设计参数 b_f ，可以实现可分配的加速衰减率，这证实了理论预测的正确性。

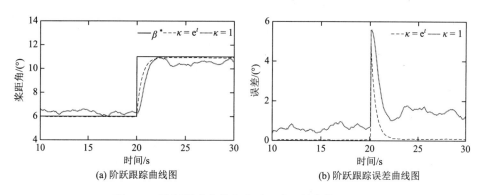

(a) 阶跃跟踪曲线图　　　　　　　　　(b) 阶跃跟踪误差曲线图

图 6.11　阶跃跟踪曲线和阶跃跟踪误差曲线（一）

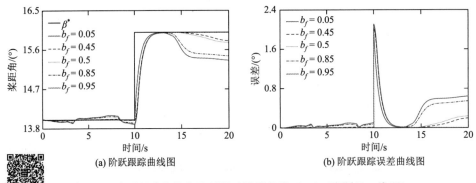

(a) 阶跃跟踪曲线图   (b) 阶跃跟踪误差曲线图

图 6.12　阶跃跟踪曲线和阶跃跟踪误差曲线（二）（彩图见二维码）

扫一扫 看彩图

为了验证所提出的控制器是可调节的，假设期望曲线 $\beta^*(t)$ 是阶跃函数。如式（6.31）所定义，当调整参数 b_f 时，速率函数 $\vartheta(t)$ 将相应改变，从而导致跟踪性能改变。已知 $0 < b_f \leqslant 1$，这里取值 b_f 分别为 0.05、0.45、0.5、0.85 和 0.95，设计变量 $\vartheta(t)$ 取 9。从图 6.12（a）中可以看出，b_f 越小，跟踪速度越快；由图 6.12（b）可以看出，b_f 越大，跟踪误差越大。因此，所提出的控制器是可调的，一般来说，b_f 取 0.05 左右跟踪性能更好。

为了进一步验证该方法的有效性，将所提出的神经自适应控制与 PI 控制进行比较。本次仿真的控制参数选择为 $\delta = 0.1$，仿真结果如图 6.13 所示。从图 6.13（b）可以看出，采用 PI 控制器，跟踪速度慢，收敛精度不高。本节提出的控制方法具有跟踪精度高、收敛速度快的特点。图 6.13（c）显示执行器输出饱和，可以看出由提出的控制方法生成的执行器输出比 PI 控制平滑得多。从图 6.13（d）自适应律曲线图中可以看出，所提出的控制方法具有更好的自适应性，PI 控制器几乎不具有自适应性。因此，所提出的神经自适应控制方法具有良好的控制效果。与传统的控制方法相比，所提出的神经自适应控制方法不需要太大的控制力，而且更平滑，饱和度更低，这意味着执行器的磨损更小。

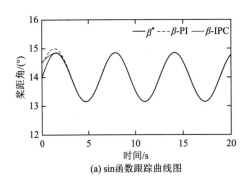

(a) sin函数跟踪曲线图

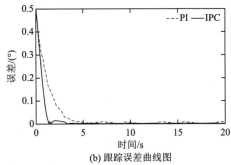

(b) 跟踪误差曲线图

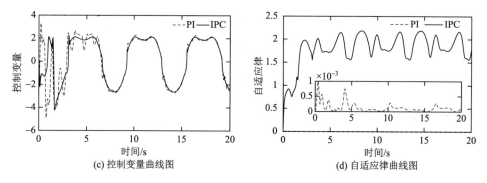

(c) 控制变量曲线图　　　　　　　　(d) 自适应律曲线图

图 6.13　跟踪曲线、误差曲线、变量曲线以及自适应律曲线

为了验证该方法在实际的风力发电机组中的有效性，利用 Spar 型 5MW 风力机进行了仿真验证。该 MIMO 系统的动力学方程由式（6.68）给出：

$$\begin{cases} M(\beta)\ddot{\beta} + D(\beta,\dot{\beta})\dot{\beta} + N(\beta,\dot{\beta})\beta + d(\cdot) = M_{pos} \\ M_{pos} = C_T u \end{cases} \quad (6.68)$$

其中，状态向量 $[\beta,\dot{\beta}]^T$ 表示叶片桨距角位置；$d(\cdot)$ 表示外部扰动；$M(\cdot)$ 表示叶片的惯性矩阵；$D(\cdot)$ 表示惯性导数加阻尼系数和摩擦系数之和矩阵；$N(\cdot)$ 表示阻尼系数和摩擦系数的导数矩阵。根据本节所建立的二阶模型，这里给出了式（6.68）中所涉及的向量，如下所示：

$$M(\beta) = \mathrm{diag}(\sin(0.5\beta_1 t) + 2, \sin(0.5\beta_2 t) + 2, \sin(0.5\beta_3 t + 2)) \quad (6.69)$$

$$\begin{aligned} D(\beta,\dot{\beta}) = \mathrm{diag}(&\cos(0.5\beta_1 + \dot{\beta}_1) + 2, \\ &\cos(0.5\beta_2 + \dot{\beta}_2) + 2, \\ &\cos(0.5\beta_3 + \dot{\beta}_3) + 2) \end{aligned} \quad (6.70)$$

$$\begin{aligned} N(\beta,\dot{\beta}) = \mathrm{diag}(&\cos(0.5\beta_1 + \dot{\beta}_1)/3 + 1, \\ &\cos(0.5\beta_2 + \dot{\beta}_2)/3 + 1, \\ &\cos(0.5\beta_3 + \dot{\beta}_3)/3 + 1) \end{aligned} \quad (6.71)$$

$$\begin{aligned} d_1 = (&0.5\cos(0.5\beta_1 t) + \sin(0.05t) + whitenoise; \\ &0.5\cos(0.5\beta_2 t) + \sin(0.05(t + 2\pi/3)) + whitenoise; \\ &0.5\cos(0.5\beta_3 t) + \sin(0.05(t + 4\pi/3)) + whitenoise) \end{aligned} \quad (6.72)$$

$$\begin{aligned} d_2 = (&0.5\cos(0.5\beta_1 t) + 3\sin(0.5\dot{\beta}_1) + \sin(0.05t) + whitenoise; \\ &0.5\cos(0.5\beta_2 t) + 3\sin(0.5\dot{\beta}_2) + \sin(0.05(t + 2\pi/3)) + whitenoise; \\ &0.5\cos(0.5\beta_3 t) + 3\sin(0.5\dot{\beta}_3) + \sin(0.05(t + 4\pi/3)) + whitenoise) \end{aligned} \quad (6.73)$$

$$d_3 = 0 \quad (6.74)$$

本节的仿真曲线只展示风速为 18m/s 载荷工况下的实验仿真图，因为在

12m/s 风速下，部分时间段的风速值低于额定风速值，这种情况下漂浮式风机未启用变桨控制系统，得到的参数曲线无法充分体现变桨控制器的特点，因此不做过多阐述。

图 6.14 给出了漂浮式风机的运行环境、功率输出和期望桨距角。根据 DNVGL-ST-0119 最新标准，这里采用平均风速为 18m/s，波高为 5.6m 的载荷工况，分别如图 6.14（a）和图 6.14（b）所示。在这种情况下，为了得到更加稳定的功率输出，如图 6.14（c）所示，三个叶片的桨距角 $\beta^* = [\beta_1^*, \beta_2^*, \beta_3^*]^T \in \mathbf{R}^3$ 将按照图 6.14（d）给定。

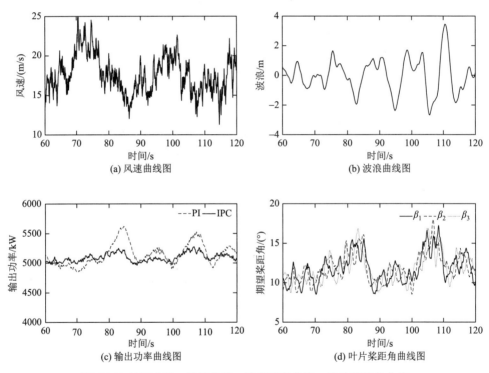

图 6.14　风速曲线、波浪曲线、输出功率曲线、叶片桨距角曲线

在系统参数未知、干扰未知和故障条件未知的情况下，提出了神经网络自适应控制器，该控制器具有容错功能。为了保证实际桨距角在执行器正常和故障的情况下都能够跟踪期望桨距角，因此，设计了以下五种情况。此外，由于变桨调节系统是独立的，为了简单起见，在下面的分析中只描述了变桨 1 的跟踪性能。

1. 参数变化下的跟踪情况

调节控制参数 $\delta = 6.3$，$b_f = 0.046$。试验表明惯性系数 M 对系统影响最大，

因此令惯性系数 M 在 $t = 50\mathrm{s}$ 时减半，然后观察控制器跟踪效果。从图 6.15（a）和图 6.15（b）可以看出，当惯性系数变小时如图 6.15（c）所示，跟踪误差会略微变大，但是仍然保持在一个很小的可控有界范围内。这表明所提出的控制器不依赖于系统模型。当模型参数在一定范围内变化时，可以实现有效的跟踪。

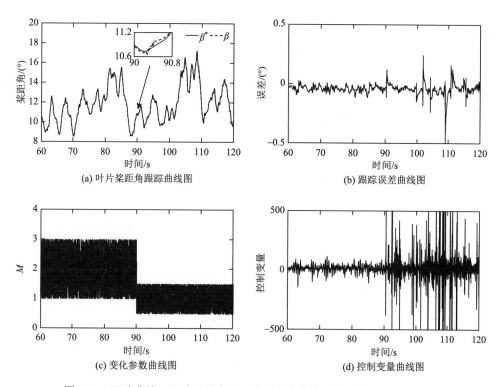

图 6.15 　跟踪曲线、跟踪误差曲线、变化参数曲线、控制变量曲线（一）

2. 不平衡载荷下的跟踪情况

此处定义了叶片的扭转力矩，其中 ϕ_i 表示不平衡载荷。为了验证所提出的控制器是否受不平衡载荷的影响，在 $t = 90\mathrm{s}$ 时，系统中加入了不平衡载荷如图 6.16（c）所示。控制参数 $\delta = 11$，$b_f = 0.046$。从跟踪曲线图 6.16（a）和跟踪误差曲线图 6.16（b）可以看出，所提出的控制器受不平衡载荷影响较小，稳定性较好，在加入不平衡载荷前后，控制变量如图 6.16（d）所示，几乎保持一致。

3. 扰动下的跟踪情况

为了验证控制器的抗干扰性能，在 $t = 90\mathrm{s}$ 时加入幅度为 4（$\delta = 9$，$b_f = 0.046$）的阶跃干扰或信噪比为 7.13（$\delta = 9.5$，$b_f = 0.046$）的白噪声。

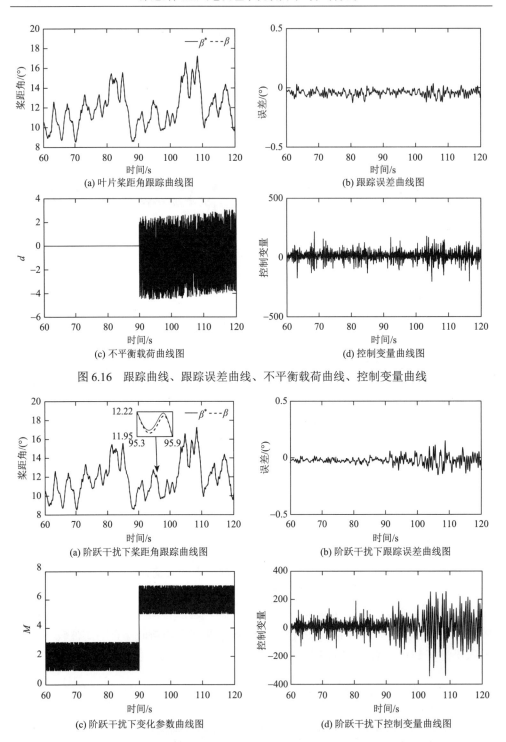

图 6.16　跟踪曲线、跟踪误差曲线、不平衡载荷曲线、控制变量曲线

图 6.17　跟踪曲线、跟踪误差曲线、变化参数曲线、控制变量曲线（二）

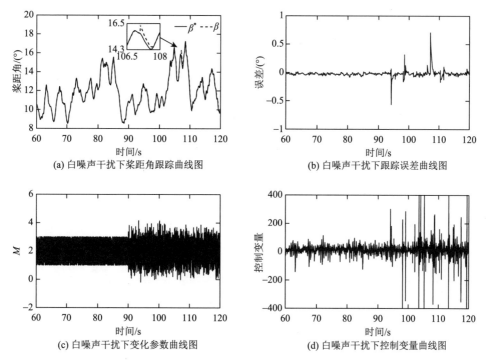

图 6.18　跟踪曲线、跟踪误差曲线、变化参数曲线、控制变量曲线（三）

加入干扰信号后的变化参数曲线图分别如图 6.17（c）和图 6.18（c）所示。由图 6.18（b）可以看出，在加入阶跃干扰信号后，跟踪误差略微变大，但其仍然收敛在一个有界范围内。由控制变量曲线图 6.17（d）可以看出，此时控制变量增大。由图 6.18（b）可以看出，在加入白噪声干扰信号后，跟踪误差会随着白噪声出现部分振荡，但总体而言其收敛在一个有界范围内。因此，无论阶跃干扰还是白噪声干扰，所提出的控制器都能够实现很好的跟踪，具有良好的抗干扰性。

4. 正常情况下跟踪效果

控制器由式（6.42）定义，设置控制参数 $\delta = 11$，$b_f = 0.046$，图 6.19 给出了在执行器正常情况下的桨距角跟踪曲线和跟踪误差曲线。可以从图 6.19（a）可以看出，在执行器正常的情况下，实际桨距角能够很好地跟踪期望桨距角，其误差的幅值在 0.05 以下，是一个很小的有界范围。

5. 执行器故障情况下跟踪效果

在实际的变桨控制过程中，致动器（如电动机或传感器）上不可避免地会发生未知故障，例如，部分故障或卡住。故障会改变系统参数，以使执行器的实际输出与设定的理想值不匹配，并进一步影响控制效果。为了验证所提出的神经网络自适应控制器的容错效果，这里设计了两个执行器故障，发生时间 $t=90\mathrm{s}$ 。常量故障下，健康因子为 $\rho(\cdot)=83\%$ ；时变故障下，健康因子为 $\rho(\cdot)=0.85-0.1\times\cos t$ 。

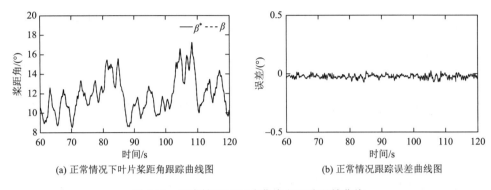

(a) 正常情况下叶片桨距角跟踪曲线图　　　　　　(b) 正常情况跟踪误差曲线图

图 6.19　正常情况下跟踪曲线和跟踪误差曲线

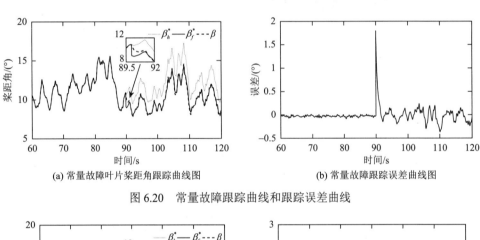

(a) 常量故障叶片桨距角跟踪曲线图　　　　　　(b) 常量故障跟踪误差曲线图

图 6.20　常量故障跟踪曲线和跟踪误差曲线

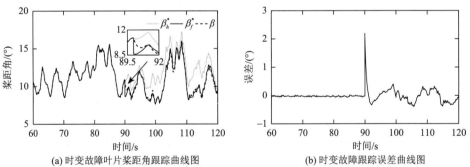

(a) 时变故障叶片桨距角跟踪曲线图　　　　　　(b) 时变故障跟踪误差曲线图

图 6.21　时变故障跟踪曲线和跟踪误差曲线

如图 6.20（a）和图 6.21（a）所示，其中 β_h^* 表示执行器正常条件下的期望桨距角， β_f^* 表示执行器故障条件下的期望桨距角， β 表示实际跟踪轨迹曲线。在故障发生初期，跟踪轨迹还处于正常跟踪情形下，经过 3s 左右的反应时间，跟踪轨迹就能够适应故障情况下的期望桨距角跟踪。图 6.20（b）和图 6.21（b）分别为常量故障和快速时变故障下的跟踪误差曲线。从跟踪误差曲线可以看出，在故障发生几秒后，跟踪误差曲线和期望曲线有明显不重合的部分，跟踪误差较大。但是，在控制器的作用下，故障很快就被容忍。在 3s 左右，跟踪效果就已经恢复，控制误差保持在较小的范围内。由此可见，在复杂的非线性模型中，神经自适应容错控制器能够取得良好的容错控制效果。在设计中，考虑了海上漂浮式风机运行过程中复杂的环境载荷和执行机构故障，达到了初始控制器的设计目标。

通过上述分析，可以得出以下结论。

（1）该控制器可以实现快速、准确的独立变桨跟踪控制，实现单位功率的稳定输出。

（2）该控制器的设计不依赖于系统模型的参数。此外，它不需要单独的故障诊断、隔离和识别单元，减少了传感器的使用，降低了成本。更重要的是，该控制器引入了速率函数，使控制效率可调。

（3）该控制器能达到良好的容错控制效果。本节提出的 IPC 控制器在海上漂浮式风电机组中具有潜在的应用前景[38-46]。

本节采用独立变桨方法，与基准控制器相比，具有更好的减载效果。接下来将对减载效果进行对比分析。

浮台沿 x、y、z 方向的三个平移自由度中，在 x 方向浮台会产生很大的位移量；浮台沿 x、y、z 方向的三个旋转自由度中，在 y 方向浮台会产生很大的动态响应。因此，这里对比分析了浮台纵荡位移和浮台纵摇角。如图 6.22（a）所示，在 PI 控制器下，浮台纵荡位移更大，说明浮台受到载荷作用影响较大；在 IPC 控制器下，浮台纵荡位移明显变小。如图 6.22（b）所示为浮台纵摇角曲线图，可以看出在 PI 控制器下，浮台晃动明显，而 IPC 控制器下，浮台更加稳定。因此，综上可以证明采用独立变桨的方法，能够有效减小不平衡载荷对风力机的影响，让浮台更加稳定。

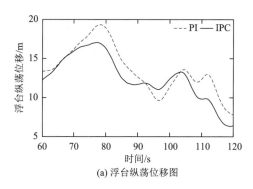
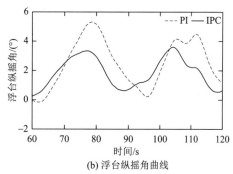

(a) 浮台纵荡位移图　　　　　　　　(b) 浮台纵摇角曲线

图 6.22　浮台纵荡位移和纵摇角曲线

图 6.23（a）和图 6.23（b）所示为倾斜力矩和拍打力矩曲线图。从图中可以看出，采用 PI 控制器，叶片所受倾斜力矩和拍打力矩更大；而采用 IPC 控制器，叶片所受倾斜力矩和拍打力矩明显减小，仿真结果证明了所提出的控制器可以减小载荷周期性波动。

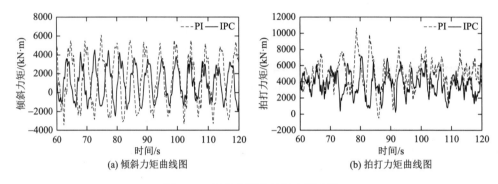

图 6.23　倾斜力矩和拍打力矩曲线

如图 6.24（a）所示为风力机转子转矩曲线图，对比两种控制方法，可以得出相对于传统控制方法而言，所提出的控制方法，转子转矩变化没有那么频繁。从图 6.24（b）可以看出，在风速快速变化的情况下，系统在本节所提出的控制器作用下风力机转子转速振荡更小，保持在额定转速 12.1r/min 附近，这说明了风力机输出功率更加稳定。

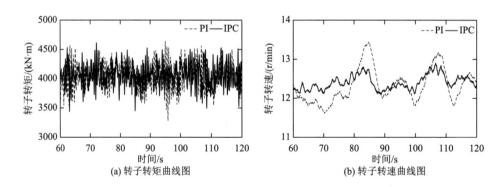

图 6.24　转子转矩和转子转速曲线

第7章 漂浮式风电机组仿真平台二次开发

7.1 风力发电系统常用的仿真软件

风力发电系统是一个复杂的系统，一个完整的风力发电系统主要由叶片、齿轮箱（对于非直驱的风力发电机而言）、发电机、控制系统、变流器、塔架、偏航系统、轮毂、变桨系统和主轴等几部分组成。在风力发电机系统的设计过程中验证系统的正确性、有效性和是否可以达到设计指标，仿真成为一种必要的手段。仿真建模研究软件在当今各种工程项目评估中的应用非常广泛，尤其在建设和运行风电场的过程中起到极为重要的作用。不同的模拟仿真软件工具可对电力系统、电力转换、发电机、机械部件和风机空气动力学特性等各方面进行仿真模拟，而且在不同的时间和阶段应采用不同的软件进行仿真建模。目前风力发电系统仿真软件比较常用的主要有德国船级社的 GH Bladed 和美国国家可再生能源实验室的 FAST（Fatigue，Aerodynamics，Structures，and Turbulence）。其中，GH Bladed 软件拥有友好的用户界面，方便操作，是风机性能和载荷计算的集成化软件包，提供综合模型用于风力机的初步设计及详细设计，风力机的零部件技术要求以及风力机验证。软件中包括风力机参数，风和载荷工况的定义，并能够进行稳态性能的快速计算（气动力学计算、性能参数计算、功率曲线计算、稳态运行载荷计算等），动态模拟计算和对计算结果的后处理以及报告的自动输出。FAST 是由众多软件组成的一个风力发电系统综合仿真软件。它可以对水平轴两叶片和三叶片的风机进行极限载荷和疲劳载荷的计算，其中仿真所需的风可以由 Turbsim 和 IEWind 产生，空气动力学载荷计算由 Aerodyn 完成，叶片塔架平台等结构由 BMODE 产生，翼型数据可以由 Foilchek 产生，噪声、波浪等因素也由专业的软件来生成，后处理部分由 Crunch 软件完成。由一个主输入文件作为 FAST 运行的配置，其主要描述了风力发电机运行参数和基本几何尺寸参数。这些参数包括仿真控制、风力发电机控制、重力环境条件、自由度选择、风力发电机初始条件、风力发电机配置、各个部件的质量和转动惯量、传动系统、发电机模型、基础模型、塔架模型、偏航动力学参数、叶片模型、气动模型、ADAMS 数据接口、线性化控制和输出参数说明等。FAST 功能强大且代码开源具有良好的可拓展性。它同时开发了与 GH Bladed 的数据接口，2005 年，FAST 与 AeroDyn 通过 Germanischer Lloyd Wind Energie 的评估，认为适合为设计和认证陆上风力发电机载荷计算。同时其他领域的专业软件也可以用来对风力发电系统进行仿真建模，如 MATLAB。MATLAB 是美国 MathWorks 公司出品的商业数学软件，其用于算法开发、数据可视化、数据分析以及数值计算的高级技术计算语言和交互式环境，主要包括 MATLAB 和 Simulink 两大部分。它将数值分析、矩阵计算、科学数据可视化以及非线性动态系统的建模和仿真等诸多强大功能集成在一个易于使用的视窗环境中，为科学研究、工程设计以及必须进行有效数值计算的众多科学领域提供了一种全面的解决方案，并在很大程度上摆脱了传统非交互式程序设计语言（如 C、Fortran）的编辑模式，但是它们要对风力发电系统仿真分析必须自建仿真模型，烦琐且粗糙，不能满足对复杂风电系统建模的需要。

7.2　软件总体设计

FAST 功能强大、代码开源、扩展性好，但是致命的缺点是没有图形化的界面，每个文件的产生都需要专门的小软件来完成，软件的运行都在命令行环境下操作，且仿真产生的结果是以文件的形式保存，不直观且不便于分析，整个系统仿真运行下来非常烦琐。鉴于 Bladed 的界面友好性，本软件对 FAST 软件集合进行二次开发使其拥有友好的用户界面和图形化显示的输出结果。

整个仿真系统以 FAST 软件为运行主体，外围软件通过界面参数配置产生 FAST 运行时所需的输入文件，通过对主输入文件和其他输入文件中的参数进行分类将整个系统分成以下几个模块：风模块、翼型模块、塔架模块、机舱模块、平台模块、波浪模块、发电机模块、传动链模块、控制模块、计算模块、输出模块和模态分析模块等。界面上的这几个模块分别用来产生 Primary、Platform、Furling、Tower、Blade、Linear、ADAMS、Wind、AeroDyn 等 FAST 运行所需的文件。系统的总体框图如图 7.1 所示。

根据以上描述，本软件运行流程大致可以划分为三个阶段：①通过界面参数的配置产生 FAST 运行时所需的文件；②运行 FAST 软件；③对结果进行处理。

7.2.1　FAST 运行所需文件

FAST 软件运行所需的叶片数据文件、塔架数据文件、翼型数据文件、载荷计算模型、风数据、各种外部条件等数据均由各种软件通过参数配置来产生。主要的文件有：FAST 主输入文件、平台文件、用于小风机设计的尾舵文件、塔架文件、叶片文件、线性化文件、ADAMS 文件以及用于空气动力学载荷计算的 AeroDyn 主输入文件和 AeroDyn 要处理的翼型文件及风文件。

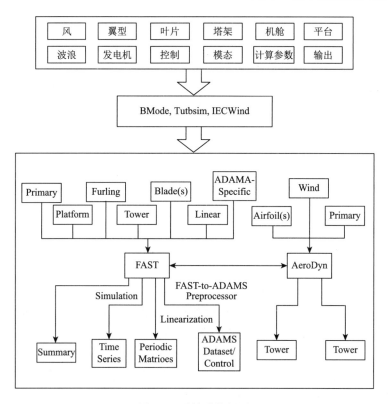

图 7.1 系统总体框图

FAST 主输入文件中的参数主要描述的内容包括：风力发电机运行参数和基本几何尺寸参数。这些参数包括仿真控制、风力发电机控制、重力环境条件、自由度选择、风力发电机初始条件、风力发电机配置、各个部件的质量和转动惯量、传动系统、发电机模型、基础模型、塔架模型、偏航动力学参数、叶片模型、气动模型、ADAMS 数据接口、线性化控制和输出参数说明等。另外，平台文件、用于小风机设计的尾舵文件、塔架文件、叶片文件、线性化文件、ADAMS 文件以及用于空气动力学载荷计算的 AeroDyn 主输入文件的文件名都在 FAST 主输入文件中列出以供 FAST 运行时通过这些名字读取对应文件中的数据。其中，风数据和翼型数据文件名在 AeroDyn 主输入文件中。这样 FAST 软件运行时只需要一个输入文件就可以在运行中读到所需的各种数据。其中，FAST 主输入文件由控制模块、塔架模块、平台模块、机舱模块等共同产生，风数据文件由风模块产生，通过操作界面的参数配置由 Turbsim 和 IECWind 程序产生 FAST 运行所需的风文件。平台文件、塔架文件和叶片文件由 Bmode 程序产生，其参数在塔架模块、叶片模块、平台模块和波浪模块的操作界面进行配置。AeroDyn 主输入文件由翼型模块和计算参数模块产生。各个文件之间的关系如图 7.2 所示。

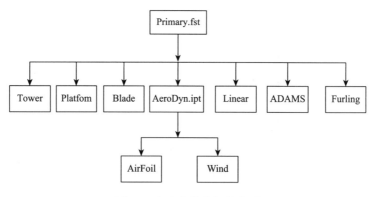

图 7.2　各个文件之间的关系

7.2.2　运行 FAST

　　FAST 可以对水平轴的两叶片风机和三叶片风机进行建模分析，它有两种运行方式通过在 FAST 的主输入文件中对参数 AnalMod 的配置进行切换。一种方式是时间序列的形式也就是仿真，在这种方式中风机的空气动力响应和结构动力学响应会对风的变化作出及时的响应。另一种方式是线性化方式，FAST 有将复杂的非线性化的风机的空气动力模型线性化的能力，这种能力可以建立风机的传递函数矩阵以便控制器的设计和分析。FAST 的另一个特性是作为 ADAMS 的前处理，ADAMS 的前处理作用是独立于 FAST 以上两种运行方式的，这种特性一般不被看作 FAST 的一种运行方式，因为它没有用到 FAST 程序中内嵌的风机的空气动力模型。FAST 作为 ADAMS 前处理器时运用 FAST 主输入文件的参数来构造一个完整的风机空气动力数据集，在这里我们只介绍第一种运行模式。FAST 的主要功能是计算风机的空气动力载荷和结构的疲劳。AeroDyn 作为一个空气动力学计算的关键处理程序，包含了有关空气动力载荷计算所用到的空气动力模型的选择和相关参数的设置。

7.2.3　输出结果及后处理

　　如果主输入文件名为 Fast.fst，首先是主输出文件 Fast.out，输出参数的选择在 Fast.fst 文件中进行选择。当某种功能关闭后，但与之相关的参数已经被选择，在输出文件中此参数对应的数据为 0。在 Fast.fst 中的参数 SumPrint 为 TRUE 时则输出 Fast.fsm 文件，这个文件中包含输入文件中的基本参数，以及计算后的叶片和塔架的惯性特征参数，同样这时 AeroDyn 也会产生总结文件 Fast.opt。这个文件中包含叶素几何参数、相应叶素的翼型参数和 FAST/AeroDyn 输入参数。在

Fast.fst 文件中，参数 ADAMSPrep 如果为 2 或 3，FAST 会根据 Fast.fst 文件中的输入参数产生 ADAMS 数据集文件。

如果主输入文件 AeroDyn 为 AeroDyn.ipt 且存在参数"PRINT"，则会输出 fast.elm 文件，此文件具体地描述了叶素的特征。输出文件的描述见图 7.3。

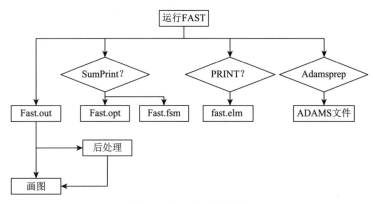

图 7.3　输出文件的描述

7.3　各模块具体设计

7.3.1　机舱模块

机舱模块负责提取用户输入的机舱基本物理结构的参数数据，从而生成固定模式的机舱模型，并将输入的数据进行判断，对不合格的输入数据予以提示，如图 7.4 为机舱模块界面参数。

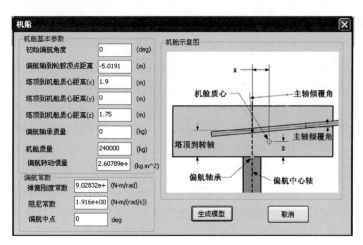

图 7.4　机舱模块界面参数

除了机舱的常规物理参数，机舱模块可以通过刚度常数、阻尼常数和偏航中点很好地完成偏航的模拟。

初始偏航角度：初始或者固定的偏航角度，从上往下看时，当角度变为正时，偏航为逆时针旋转，其值必须介于–180°到180°之间。

偏航轴到轮毂顶点距离：下风向为正数，上风向为负数。

偏航轴承质量：偏航轴承质量中心位于原始塔顶和机舱坐标系的塔架顶端，其值不能为负数。

机舱质量：其中心通过塔顶到质心的距离来确定。机舱质量包括在塔架顶端除了轮毂、偏航轴承的所有质量。其值不能为负。

弹簧刚度常数：在二阶偏航执行器模型中代表弹簧扭力的刚度常数。线性的弹簧刚度扭矩是与偏航角速度的误差呈正比关系。如果一个偏航执行器的自然频率是已知的，那么 YawSpr = YawIner·ω_n^2，其中 YawSpr 为刚度常数，ω_n 为自然频率（rad/s），YawIner 为机舱、轮毂和偏航主轴承的惯性常量（kg·m^2）。刚度常数不能为负数。

阻尼常数：在二阶偏航执行器模型中代表着弹簧扭力的阻尼常数。线性的弹簧阻尼扭矩是与偏航角速度的误差成正比的。如果一个执行器的自然频率和阻尼系数是已知的，那么 YawDamp = 2·ζ·YawIner·ω_n，其中 ω_n 为自然频率（rad/s），ζ 是部分阻尼系数，YawIner 是机舱、轮毂和偏航主轴承的惯性常量（kg·m^2）。阻尼常数不能为负数。

偏航中点：在控制策略开始仿真之前，偏航中点为初始化的偏航正中心，其值必须在–180°到180°之间。

1. 传动链模块

传动链参数是 FAST 主输入文件中参数的一部分，通过将传动链等效为一个在发电机轮毂之间的轴对传动链进行建模，这个轴有线性的扭转弹性力和扭转阻尼，通过传动链的自由度标志 DrTrDOF 来开启传动链的此种特性，转矩方程如下：

Tres = DTTorSpr×(RotorPos-GboxPos) + DTTorDmp×(RotorSpeed-GboxSpeed)

其中，DTTorSpr 和 DTTorDmp 分别为低速轴、齿轮箱和高速轴等效成的传动链的刚度和阻尼常数；RotorPos 和 GboxPos 分别为风轮和齿轮箱的位置差；RotorSpeed 和 GboxSpeed 分别为风轮和齿轮箱的转速差。如图 7.5 为传动链模块界面，我们可以通过设置参数"齿轮箱效率"（GBoxEff）的值来模拟能量由低速轴侧到高速轴侧的传递效率，其值一般小于100%。在计算高速轴转矩时 FAST 将低速轴侧的转矩乘以齿轮箱效率然后除以齿轮箱增速比，同理可以由高速轴侧转矩计算低速轴侧转矩。

（1）齿轮箱效率：高速轴与低速轴之间的能量传递效率。

（2）发电机效率：发电机将机械能转化为电能的效率。

（3）传动比：低速轴和高速轴之间的转速比。

（4）电机与风轮是否反向：风轮通过齿轮箱后与电机的转向是否相反。

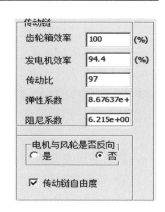

图 7.5　传动链模块界面

2. 发电机模块

发电机也是极为重要的一环，我们可以通过参数"电机启动方式"（GenTiStr）选择电机的启动方式，也可以通过风机转速和时间来启动，如果电机启动方式（GenTiStr）= TRUE，则电机的转矩将保持为 0，直到时间达到电机启动时间（TimGenOn）。如果电机启动方式（GenTiStr）= FALSE，则电机的转矩将保持为 0，直到风轮转速达到电机启动风速（SpdGenOn）。同样可以控制发电机的停机方式，若电机停机方式（GenTiStp）= TRUE，发电机的转矩将在时间达到停机时间（TimGenOf）后被置 0。若电机停机方式（GenTiStp）= FALSE，发电机将在功率达到 0 的时候被关闭。一旦电机被关闭，它将一直保持停机状态直到仿真时间结束，这种在仿真时间结束之前关闭电机的行为可以仿真风机运行过程中的停机故障和断网故障。要想正常完成仿真必须保证在仿真时间结束之前使发电机保持开机状态。FAST 中发电机有三种形式：一是简单的同步发电机；二是异步发电机；三是用户自定义的电机。它可以通过参数"电机模型"（GenModel）进行选择。当参数"变速控制"（VSContrl）= 0 的时候通过参数"电机模型"（GenModel）选择的电机模型有效，否则"电机模型"（GenModel）参数被忽略。发电机模块界面如图 7.6 所示。

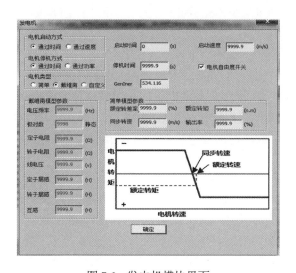

图 7.6　发电机模块界面

1）简单同步发电机

当 GenModel = 1 且 VSContrl = 0 时，FAST 采用简单同步发电机的模型，在 FAST 主输入文件中共有四个参数来描述这一模型：额定转差率（SIG_SlPc）、额定转矩（SIG_RtTq）、同步转速（SIG_SySp）、输出率（SIG_PORt）。简单同步发电机模型的转矩转速曲线由以下公式描述：

$$\Omega_R = \text{SIG\_SySp} \cdot (1 + 0.01 \cdot \text{SIG\_SlPc})$$

其转矩转速曲线如图 7.7 所示。

2）戴维南模型异步发电机

当 GenModel = 2 且 VSContrl = 0 时，FAST 采用戴维南模型异步发电机，在 FAST 输入文件中由以下参数来描述这一模型：电压频率（TEC_Freq）、极对数（TEC_NPol）、定子电阻（TEC_SRes）、转子电阻（TEC_RRes）、线电压（TEC_VLL）、定子电感（TEC_SLR）、转子电感（TEC_RLR）、互感（TEC_MR）。其转矩转速曲线如图 7.8 所示。

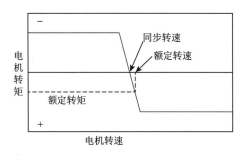

图 7.7　简单同步发电机转矩转速曲线图

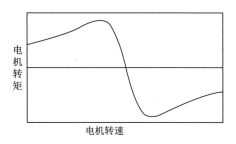

图 7.8　异步发电机转矩转速关系

3）自定义发电机

当 GenModel = 3 且 VSContrl = 0 时，FAST 采用自定义发电机，UserSubs.f90 文件中的 UserGen( )函数自定义发电机。要用到这种发电机必须将 UserSubs.f90 文件重新编译后与其他代码连接后生成新的可执行程序。调用程序将高速轴转速传递给 UserGen( )函数，得出发电机的电磁转矩和电功率。

3. 控制模块

控制模块是风力发电机系统的"大脑"，维持着风力发电机系统的正常运行。控制模块主要包括变速控制、变桨控制、偏航控制、安全控制。变速控制有三种：无变速控制、简单变速控制、用户自定义变速控制。变桨控制有两种：无变桨控制、用户自定义变桨控制。偏航控制有两种：无偏航控制、用户自定义偏航控制。安全控制有叶尖刹车控制、高速轴刹车控制等。

1）变速控制

变速控制是变速风力发电机的一种常用的控制，变速控制模块界面如图 7.9 所示。如果 VS_Contrl 设为 0，变速控制被关闭，这时 FAST 将选择一种电机模型来进行控制。VS_Contrl 为 1 时 FAST 采用简单变速控制，简单变速控制系统的参数有：电机额定速度（VS_RtGnSp）、电机额定转矩（VS_RtTq）、变速区转矩系数（VS_Rgn2K）、过渡区斜率（VS_SlPc）简单变速控制，如图 7.9 所示。

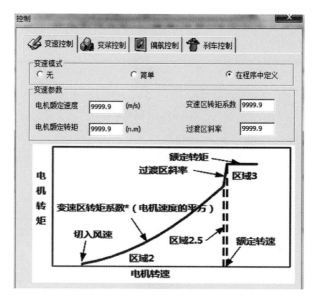

图 7.9　变速控制模块界面

如图 7.9 所示的简单变速控制的曲线，当风速达到切入风速时电机启动，在区域 2 的时候电机的转矩与电机的速度的平方成正比，区域 2.5（过渡区）中电机的转矩与电机的转速成正比，在区域 3 的时候电机保持额定转矩。区域 2.5 是必要的，因为按照区域 2 中转矩转速的关系很难在额定转速的时候达到额定转矩。

VSContrl = 2 时 FAST 将调用用户自定义函数 UserVSCont( )进行变速控制。

（1）变速模式：可以选择三种：无、简单、在程序中定义。

（2）变速区转矩系数：转矩与速度平方之间的比例系数。

（3）电机额定转矩：如图 7.9 所示。

（4）过渡区斜率：过渡区转速和转矩之间的比例系数。

2）刹车控制

风力发电系统的高效运行需要安全控制以保证在紧急条件下能够及时地刹车。默认情况下，FAST 的高速轴刹车功能是关闭的，在时间达到刹车时间（THSSBrDp）

的时候，高速轴刹车开始启动，如果不想在风力发电机运行过程中刹车，则把刹车时间设置为大于仿真时间。

高速轴刹车模式（HSSBrMode）设置为 1 的时候 FAST 会运用一个简单的刹车模型，根据这个模型刹车转矩在刹车时间（THSSBrDp）之前保持为 0，之后呈线性增长，持续 HSSBrDT 时间后达到最大刹车转矩（HSSBrTqF）。一旦达到最大刹车转矩，将一直保持到高速轴转速为 0 为止。通过设置高速轴刹车模式（HSSBRMode）为 2，FAST 将调用用户自定义的高速轴刹车函数 UserHSSBr( )。调用函数将高速轴转速和时间传递给此函数，函数返回结果为最大刹车转矩的百分比，如图 7.10 为变速控制与刹车控制结构图。

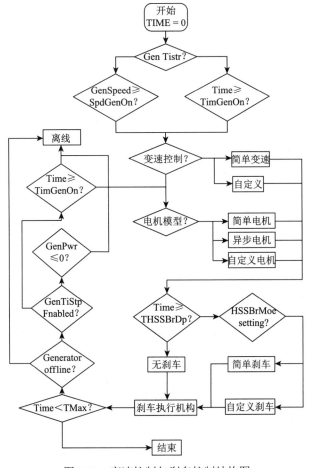

图 7.10　变速控制与刹车控制结构图

3）变桨控制

变桨控制是风力发电系统中最常用的控制手段之一，在风速大于额定风速之

后一般通过变桨控制的方式来保持功率的平滑稳定。变桨对风机的安全和正常工
作起非常重要的作用

　　通过将变桨方式（PCMode）设置为 0 可以禁止 FAST 的变桨功能，变桨方式
（PCMode）设置为 1，FAST 将调用自定义的变桨控制函数 PitchCntrl( )。当调用
自定义函数 PitchCntrl( )时可以设置激活时间（TPCOn）为大于 0 且小于仿真总时
间的一个数，当时间大于开始时间（TPCOn）后 FAST 开始调用自定义函数
PitchCntrl( )。通过参数初始桨距角（BlPitchi）来设置每个叶片桨距角的初始位置。
无论变桨是否激活且无论选择何种变桨方式，当仿真时间大于变桨开始时间
（TPitManSi）后，从第 i 个桨叶的变桨开始，桨距角将在变桨结束时间（TPitManEi）
之前由当前位置线性变换到最终桨距角（BlPitchFi）。当变桨控制激活且变桨方式
（PCMode）不为 0 时，与变桨相关的指令由变桨开始时间（TPitManSi）、变桨结
束时间（TPitManEi）和最终桨距角（BlPitchFi）等参数获得。对于定桨风机的仿
真只需将变桨方式（PCMode）设置为 0，变桨开始时间（TPitManSi）大于总仿
真时间（TMax），初始桨距角（BlPitchi）设置为一个固定的值即可。图 7.11 所示
为变桨控制模块界面。

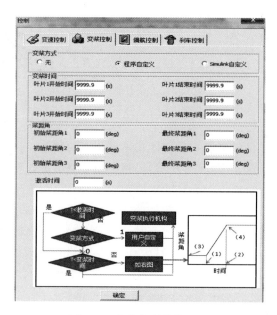

图 7.11　变桨控制模块界面

　　下面的变桨控制流程图（图 7.12）介绍了 FAST 中变桨控制的详细过程。
　　变桨方式：可以选择三种模式：无、程序自定义、Simulink 自定义。
　　（1）初始桨距角：桨距角的初始值。

（2）最终桨距角：变桨后桨距角的最终值。

（3）激活时间：当选择自定义模式时，仿真时间大于激活时间后，FAST 将会调用自定义函数。

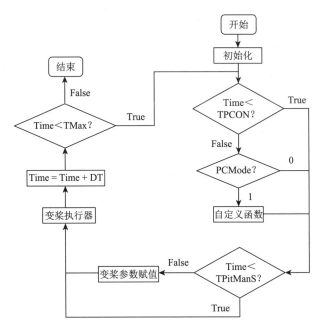

图 7.12　变桨控制流程图

4）偏航控制

由于风能具有能量密度低、随机性和不稳定性等特点，风电机组是复杂多变量、非线性不确定系统，因此，控制技术是机组安全高效运行的关键。偏航控制系统成为水平轴风电机组控制系统的重要组成部分。风电机组的偏航控制系统主要分为两大类：被动迎风偏航系统和主动迎风偏航系统。前者多用于小型的独立风力发电系统，由尾舵控制，风向改变时，被动对风。后者则多用于大型并网型风力发电系统，由位于下风向的风向标发出的信号进行主动对风控制。通过设置偏航模式（YCMode）为 0 可以禁止偏航控制。偏航模式（YCMode）设置为 1 时，FAST 调用用户自定义的函数 UserYawCont( )进行偏航控制，此时用户可以设置激活时间（TYCOn），当仿真时间大于激活时间后 FAST 将会调用用户自定义函数UserYawCont( )，无论偏航模式如何选择，当仿真时间到达偏航开始时间（TYawManS）后，偏航角将在偏航结束时间（TYawManE）之前由当前值线性变化到最终偏航角（NacYawF）。对于无偏航控制的风机仿真可以将偏航自由度（YawDOF）禁止，偏航模式（YCMode）设置为 0，偏航开始时间（TYawManS）

设置成大于总仿真时间（TMax），偏航角（NacYaw）设置为某一固定值。偏航控制模块界面见图 7.13，详细的偏航控制流程如图 7.14 所示。

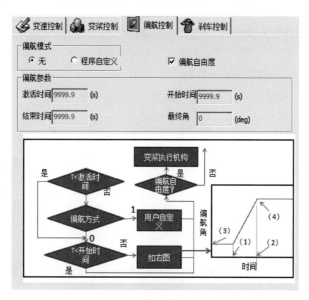

图 7.13　偏航控制模块界面

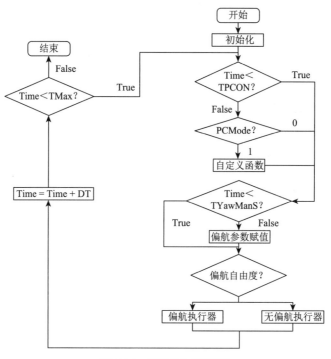

图 7.14　偏航控制流程图

（1）偏航模式：可以选择无和程序自定义两种。

（2）激活时间：当选择自定义模式时仿真时间大于激活时间后就会调用自定义函数。

（3）开始时间：无论何时只要仿真时间大于开始时间就会覆盖其他一切偏航命令进行偏航。

（4）结束时间：偏航结束的时间。

（5）最终角：偏航结束时的最终角度。

4. 转子模块

转子模块负责提取用户输入的转子基本物结构参数数据，从而生成固定模式的转子模型，并将输入的数据进行判断，对不合格的输入数据予以提示。转子模块主要针对叶轮的轮毂物理参数进行设置（图7.15），其中包括轮毂半径、顶点到质心距离、转轴倾角、轮毂质量以及转动惯量。

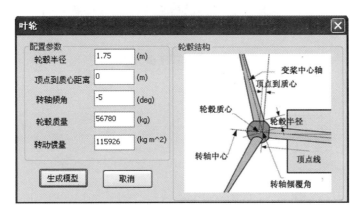

图 7.15　叶轮模型界面参数

（1）轮毂半径：轮毂半径是沿着桨距角轴线从顶点到叶根的距离，而不是旋转轴的垂直距离。其值必须大于 0，是小于叶轮半径的值。

（2）顶点到质心距离：从轮毂后端顶点到轮毂质心的距离，下风向为正。

（3）转轴倾角：主轴承与水平面的夹角。正倾覆代表着下风向转轴低端比前端高。转轴倾角必须在−90°到 90°之间。

（4）轮毂质量：轮毂质量的质心需要跟上述顶点到质心距离保持一致，其值不能为负。

（5）转动惯量：轮毂转动惯量的测量基于主轴的转动惯量，不考虑刹车的情况，其值不能为负。

7.3.2　模态模块

　　模态模块负责分析叶片和塔架的结果参数并且计算出不同阵型的模态，还可以显示阵型的权值以及绘图。模态模块是基于叶片和塔架模块而生成的分析模块。提取叶片和塔架的参数，分别产生叶片面内（in-plane）模态、叶片面外（out-of-plane）模态、塔架前后（fore-aft）模态、塔架左右（side-side）模态。模态模块界面无法改动参数，参数只能在叶片模块和塔架模块里面去修改定义。模态模块提取出叶片和塔架的一些对模态影响较大的关键信息：叶片中的桨叶角、叶轮转速、叶轮半径、刚性基层、末端质量；塔架中的塔架长度、刚性基层、末端质量。振型个数和第一阶数也需要在不同的模型里面改动，振型的数目不能超过 10 个（图 7.16）。

　　单击模态模块的"计算分析"按钮，软件会对叶片和塔架进行模态计算，并且智能列出计算结果，结果如图 7.17 所示。其结果界面会将不同模态类型下的不同频率振型一个一个罗列出来供用户选择，如果想查看某个模态振型的结果可以在模态结果上选择该模态振型并且单击"绘图显示"按钮。绘图结果如图 7.18 所示，会显示出振型的权值。

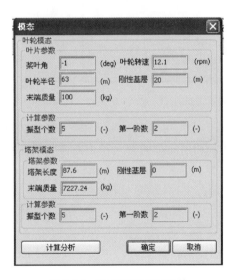

图 7.16　模态模块界面参数

图 7.17　模态结果界面参数

1. 翼型和计算模块

1）翼型

在 FAST 进行载荷计算时翼型数据十分重要，翼型数据表有四个参数，分别

是攻角、升力系数、阻力系数和俯仰力矩。翼型数据一般很难有攻角范围覆盖
−180°～180°的，没有这种数据就不能进行风机的设计，AeroDyn 需要读取这种数
据来分析风速、风向、风机转速和偏航角等。如果翼型数据不能提供攻角覆盖
−180°～180°的数据，那么将不能进行 FAST 仿真。翼型的空气动力性能在大攻角
时变得与翼型的关联性越来越小的特性使得我们可以通过扩展算法将攻角范围扩
大到−180°～180°。FoilCheck 软件作为一个简单实用的软件可以将翼型文件中的
攻角范围扩展到−180°～180°。其计算过程如下。

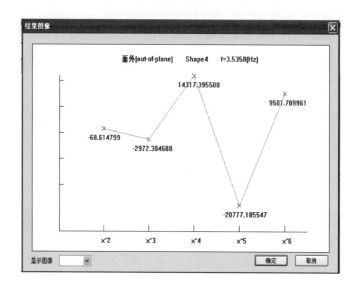

图 7.18　模态结果界面绘图

（1）从攻角受限的翼型文件中读取数据，利用翼型的空气动力特性将攻角拓
展到−180°～180°。

（2）基于翼型的静态特性计算 Beddoes 动态失速模型的相关参数。

（3）生成 AeroDyn 所需的翼型格式文件。

扩展算法如下：

$$C_{D\max} = 1.11 + 0.018AR \tag{7.1}$$

$$C_D = C_{D\max}\sin^2\alpha + B_2\cos\alpha \tag{7.2}$$

$$B_2 = \frac{C_{DS} - C_{D\max}\sin^2\alpha_s}{\cos\alpha_s} \tag{7.3}$$

$$C_L = \frac{C_{D\max}}{2}\sin 2\alpha + A_2\frac{\cos^2\alpha}{\sin\alpha} \tag{7.4}$$

$$A_2 = (C_{Ls} - C_{D\max} \sin\alpha_s \cos\alpha_s)\frac{\sin\alpha_s}{\cos^2\alpha_s} \tag{7.5}$$

由该软件扩展得到的攻角与阻力系数关系图如图 7.19 所示。

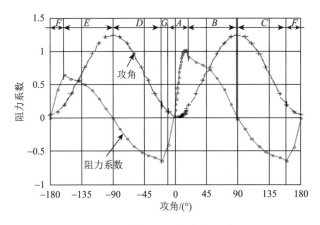

图 7.19　攻角与阻力系数关系图

2）计算参数

计算参数模块主要包含 FAST 运行模式的选择和仿真时参数的配置，以及 AeroDyn 计算载荷时的参数配置。AeroDyn 计算载荷时的参数配置中包括单位选择（SysUnits），FAST 必须用国际单位（SI），失速模型（StallMod）有两种选择，分别是 BEDDOES 和 STEADY，它们是与翼型有关的模型，俯仰力矩（UseCm）可选是和否，入流模型（InfModel）可以选择动态入流（DYNIN）和平衡入流（EQUIL）两种，诱导因子模型（IndModel）可选择无、一个和两个诱导因子。叶尖损失模型（TLModel）和轮毂损失模型（HLModel）是当入流模型选择为平衡入流的时候对叶素动量理论的修正模型。由翼型模块和计算参数模块共同生成了 AeroDyn 的主输入文件。

AeroDyn 是一系列程序的集合用于风机空气动力相关的计算，几个空气动力学仿真程序，如 FAST、ADAMS、YawDyn、SymDyn 都要用到 AeroDyn 来计算，这几个程序的区别在于结构动力学。当 FAST 运行时，AeroDyn 计算每个叶素的升力系数、阻力系数和俯仰力矩。首先它把叶片沿径向分成许多小的微元，也称叶素，然后从输入文件中读取风机的几个尺寸、操作状态、叶素处的风速和叶素的位置等信息，然后通过这些信息计算得出每个叶素的升力系数、阻力系数和俯仰力矩。AeroDyn 在 FAST 的每个运行周期内都被调用一次来实时更新数据。在 AeroDyn 中有几个不同的空气动力学模型可供选择，这其中最重要的模型是入流模型，AeroDyn 拥有两个入流模型：叶素动量理论模型和广义动态入流理论（the

Generalized Dynamic-wake Theory）模型。叶素动量理论模型是一种经典的理论模型，被广大的风机设计者所运用，而广义动态入流理论模型则更现代一些，主要用于动态入流的计算。当选择叶素动量理论时通过一些修正理论来对结果进行修正，如轮毂损失修正、叶尖损失修正、倾斜入流修正等。如果选择广义动态入流理论则无须这些修正理论，因为这种理论已经将这些因素考虑了进去，所以平衡入流时一般选择叶素动量理论模型，动态入流时一般选择广义动态入流理论模型。这两种模型都是用来计算轴向诱导因子的，用户也可以选择计算切向诱导因子。AeroDyn 还包含失速模型和塔影效应模型，最后 AeroDyn 还可以读取几种不同格式的风文件。

叶素动量理论：叶素动量理论是假定作用于叶素上的力可以用元截面上入射合速度测定攻角的二维翼型特性计算得出，即作用于叶素上的力仅与通过叶素扫过的圆环的气体的动量变化有关。因此，假定通过邻近圆环的气流之间不发生径向相互作用，从而忽略顺翼展方向的速度分量，也忽略三维效应。在叶片的某一径向位置上的速度分量用风速来表示，知道了攻角和升力系数、阻力系数以及每个叶素上的轴、切向诱导因子，进而求出作用于叶片上的力。

广义动态入流理论：叶素动量理论是经典的风机空气动力学分析方法，是基于平衡尾流的假设，即认为尾流及诱导速度场随着叶片承受的载荷的变化迅速作出反应，因而它是一个准稳态模型。然而事实上风机运行在极不稳定的复杂环境中，叶素动量理论并不适用于机组运行过程中桨距角、转速和风速随机变化情况下的分析。在这些情况下风轮的尾流及其引起的诱导速度场必须经过一段时间的延迟时间才能达到稳定状态，这种现象称为动态入流。因此在进行载荷分析的时候对动态入流效应的考虑非常重要。动态入流效应的研究始于直升机空气动力学领域，Pitt 和 Peters 基于对直升机桨叶平面流场分布的假设，应用加速势流法对其进行研究建立的模型在直升机气动分析方面得到了广泛应用。1991 年荷兰能源研究所（Energy Research Centre of the Netherlands，ECN）开始研究针对风力机的空气动力学的动态入流模型，基于非线性升力线涡流尾流理论，发展了自由尾流模型，并给出了简化的可以用于工程实际的方法。Suzuki 对 Pitt 和 Peters 的模型进行了拓展，提出了动态入流模型，并将其应用于风力机的空气动力学分析，模型考虑了更多的流动状态，并给出了针对湍流来流的空间变化的完全非线性实现。整个 AeroDyn 计算的流程图如图 7.20 所示。

2. 叶片模块

叶片模块（图 7.21）负责提取用户输入的叶片物理信息以及状态参数数据，采用有限元分析法进行叶片模态分析和数据绘图，从而生成固定模式的叶片模型。并将输入的数据进行判断，对不合格的输入数据予以提示。

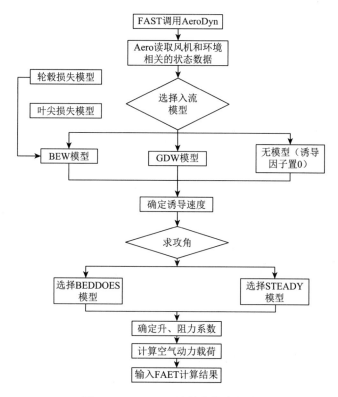

图 7.20　AeroDyn 计算载荷流程图

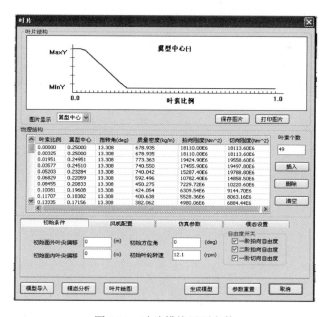

图 7.21　叶片模块界面参数

定义叶片可以有两种拍向模态和一种切向模态，两类模态根据叶片的扭转角来定义。当生产叶片模型之后，可以改变叶轮转速和桨距角来观测不同工况下的模态输出。通常转速对振型的影响较小，对振动频率的影响非常大。叶片模块可以同时产生多个振型来测试叶片的结构稳定性。叶素个数改变的时候，单击"模型导入"按钮，可以将定义好的 Blade.cfst 文件智能导入叶片模型，单击"模态分析"按钮可以弹出模态窗口对话框，来生成用户定义参数下的不同振型。

叶素个数：叶素个数 n 严格对照叶片的物理结构表，n = 表格的行数，每一段叶素代表一个观测节点进行分析。

1）物理结构

叶素比例：代表在桨距角中轴方向上的叶片距离，其值必须严格从 0 到 1，第一行为 0，最后一行为 1，物理结构表最少有两行。

翼型中心：确定翼型部分的气动中心，翼型中心代表在弦长上的距离，通常认为桨距角中轴经过翼型部分 25%弦长，其值必须介于 0 到 1 之间。0 代表在叶片前缘，0.25 代表在桨距角中轴，1 代表翼片后缘。

扭转角：结构扭转角代表主轴的方向，正值的扭转角代表着前缘逆风向，其值必须在–180°到 180°之间。

质量密度：不同叶片部分单位长度上的质量，其值应该是整个部分叶片上的积分，质量密度 $= \iint \rho(x,y)\mathrm{d}x\mathrm{d}y$，$\rho(x,y)$ 定义为质量密度 $\mathrm{kg/m^3}$，x 与 y 分别代表拍向和切向到叶片中心的距离。

拍向刚度：叶片拍向刚度并不等于面外刚度，等于弹性模数乘以拍向距离的积分，即拍向刚度 $= \iint E(x,y)x^2\mathrm{d}x\mathrm{d}y$，$E(x,y)$ 是弹性模量（$\mathrm{N\cdot m^2}$），x 与 y 分别代表拍向和切向到叶片中心的距离，其值必须大于 0。

切向刚度：叶片切向刚度并不等于面外刚度，等于弹性模数乘以切向距离的积分，即切向刚度 $= \iint E(x,y)y^2\mathrm{d}x\mathrm{d}y$，$E(x,y)$ 是弹性模量（$\mathrm{N\cdot m^2}$），x 与 y 分别代表拍向和切向到叶片中心的距离，其值必须大于 0。

2）初始条件

初始面外叶尖偏移：三个叶片的面外叶尖偏移是相同的，初始叶尖偏移可以使得叶片的状态更快地到达平衡点，其值为正的时候是下风向，当自由度打开的时候，叶尖偏移是没有意义的。

初始面内叶尖偏移：三个叶片的面内叶尖偏移是相同的，初始叶尖偏移可以使得叶片的状态更快地到达平衡点，其值为正的时候是上风向，当自由度打开的时候，叶尖偏移是没有意义的。

初始方位角：叶片 1 在整个风轮平面上的方位角度，叶片 3 在叶片 2 之前，叶片 2 在叶片 1 之前。其值必须在 0°到 360°之间。

初始叶轮转速：叶轮的初始角速度，在线性化过程的分析中，其值也可以作为理想的平均角速度，其值必须为正，顺时针旋转的时候是下风向的。

3）风机配置

叶片倾覆角：3 个叶片倾覆角度可以是不相同的，其是下风向为正。其值必须介于−180°到 180°之间。

叶闸质量：叶片刹车执行器的质量，其值必须为正。

风轮半径：风轮半径是沿着桨叶线而不是垂直距离，从叶尖到叶根的长度。叶根的载荷是根据半径平面来确定的。其值必须大于 0。

4）仿真参数

模态阻尼：n 阶拍向或切向的叶根挥舞转矩的结构阻尼，通常介于 0 与 100 之间，并且 2 阶阻尼要大于 1 阶阻尼。

质量密度调节：全部结构质量密度等比例调节，值大于 0

刚度调节：针对不同阶数的部分刚度等比例调节，值大于 0

刚度修正：所有结构刚度的等比例调节，值大于 0

5）模态设置

振型个数：模态分析中振型的数量，会得到不同振型不同频率下的权值。

末端质量：有限元分析中叶根处的质量。

刚性基层长度：物理结构中叶根处刚性材料的长度。

桨叶角：模态分析过程中，不同的桨叶角会对模态产生较大的影响变化，在计算分析过程中，可以改变桨叶角来连续观测模态变化。

3. 塔架模块

塔架模块（图 7.22）负责提取用户输入的塔架物理信息以及状态参数数据，并且进行塔架模态分析和数据绘图，从而生成固定模式的塔架模型。并将输入的数据进行判断，对不合格的输入数据予以提示。塔架模块的分析跟叶片模块的分析类似，进行模态分析时，塔架分为前后方向和左右方向，分别最多可以得到 10 个振型。振型的计算通过六阶多项式求得，并且第一项为 0。这是因为底层的模态阵型都是悬臂式的，所以必须保证 0 位调整。对于分段比例，塔顶的高度定义为 1，塔底的高度为 0。界面中的图片可分别获取塔架的质量密度图、前后刚度图和左右刚度图。

1）风机配置

自由度开关：当自由度开关选择的时候，用户应该保证相应的模态分析是精确的，用于塔架模态的自由度分析。

塔顶前后偏移：在来流方向上初始时刻偏离中心线的位移，下风向为正。

塔顶左右偏移：垂直机舱方向上初始时刻偏离中心线的位移，右边为正。

塔架高度：塔架高度是从地平线或者海平线到塔顶和偏航轴承的距离，其值必须为正。

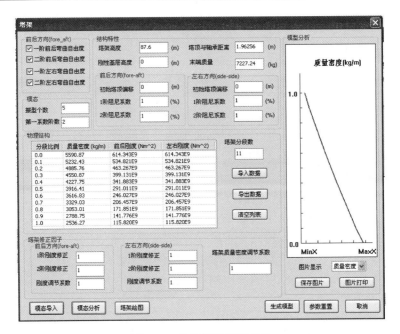

图 7.22　塔架模块界面参数

塔架分段数：整个塔架被等分为一段一段的塔架节点来进行分析，每段节点的中心元素被用来分析其受力与物理结构。塔架段数分得越多，整个积分也就越精确，比较理想的塔架分段数为 20 段，其值必须在 0 到 99 之间。

2）模态分析

阻尼系数：阻尼系数分为塔架的弯曲度前后阻尼与左右阻尼，并且有一阶与二阶两类阻尼，本软件不考虑高阶阻尼。一般阻尼系数为 0.5%～1.5%，而且必须介于 0 到 100 之间。二阶阻尼系数通常比一阶的要大。

刚度修正：刚度修正分为塔架前后刚度与左右刚度，并且分为一阶和二阶刚度系数。刚度系数为用户提供方便的手段来提高某一类的整体刚度。刚度修正为 1 的时候代表刚度不变。

质量密度调节系数：质量密度调节系数使得塔架分析计算过程中的整体质量进行调节，当设其为 1 时，质量不变。

刚度调节系数：刚度调节系数使得塔架分析计算过程中的整体前后刚度和左右刚度进行调节，当设为 1 时，刚度不变。

3）物理结构

分段比例：塔架分段的部分高度，其值必须为 0 到 1，0 为塔底，1 为塔顶。如果分析的塔架是统一均匀的，那么将塔架分段数设为 1，并且将分段比例设置为 0 来表示整个均衡的塔架特性。

质量密度：塔架单位长度上的质量。分段的质量密度应该看作这一段塔架上质量密度的积分，即 $\text{TMassDen} = \iint \rho(x,y)\mathrm{d}x\mathrm{d}y$，其中 TMassDen 为整段上的质量密度，$\rho(x,y)$为点质量密度，$x$ 与 y 分别为前后和左右到质心的距离。其值必须大于 0。

前后刚度：塔架某一段的前后刚度是该区域内弹力系数与面积的积分，即 $\text{TwFAStif} = \iint E(x,y)x^2\mathrm{d}x\mathrm{d}y$，其中 TwFAStif 为整段上的前后刚度，$E(x,y)$为弹力系数（N/m^2），$x$ 和 y 分别是前后和左右到塔架中心的距离。其值必须大于 0。

左右刚度：塔架某一段的左右刚度是该区域内弹力系数与面积的积分，即 $\text{TwSSStif} = \iint E(x,y)x^2\mathrm{d}x\mathrm{d}y$，其中 TwSSStif 为整段上的左右刚度，$E(x,y)$为弹力系数（N/m^2），$x$ 和 y 分别是前后和左右到塔架中心的距离。其值必须大于 0。

7.3.3　工况模块

1. 波浪模块

波浪模块负责提取单体波浪参数与海上水流参数数据，嵌入一些固定模型可供用户选择，从而生成固定模式的波浪模型。并将输入的数据进行判断，对不合格的输入数据予以提示，如图 7.23 所示为波浪模块界面参数。

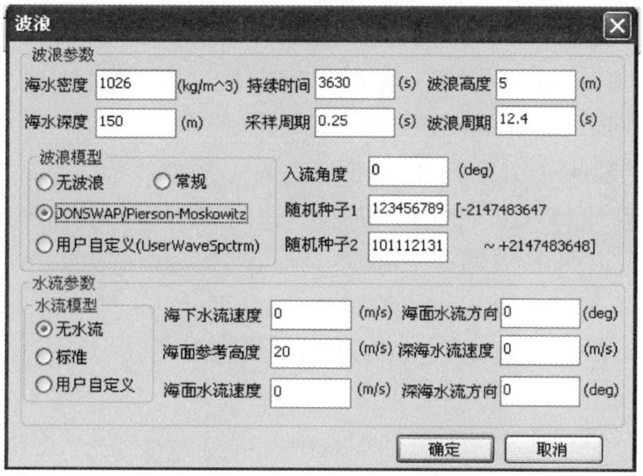

图 7.23　波浪模块界面参数

波浪模块主要针对海上定桩式风机和海上漂浮式风机，若风机为陆上风机，则波浪模块所有数据失效。其中波浪参数以及水流参数设计如下。

海水深度：需要与 WAMIT 文件中的海水深度值保持一致。

波浪模型：入射波动力学模型。

无波浪：塔架不受波浪载荷的限制，但还是要经受流体动力学阻尼。

常规：具有统一模型的周期波浪。

Jonswap/Pierson-Moskowitz：具有能量频谱的不规则波浪。

持续时间：入射波计算的分析时间。

采样周期：入射波计算的时间步长。

波浪高度：入射波的有效波浪高度。

波浪周期：入射波的谱峰周期。

入流角度：入射波传播方位角。

随机种子：入射波随机种子，范围为–2147483647～2147483648

海下水流速度：静水位的次表面水流速度。

深海水流方向：深海自由水流流向。

2. 风模块

1）平均风

平均风界面如图 7.24 所示。

运行时间（T）：可以模拟仿真的时间，如果仿真时间少于 FAST 的仿真时间，将出现错误。

水平风速（V）：水平方向的风速大小。

风方向（Deta）：风速与水平面之间的夹角。

垂直风速（RefWid）：风速与垂直方向的夹角。

水平剪切（HLinShr）：水平方向的剪切指数。

垂直剪切（VLinShr）：垂直方向的剪切指数。

剪切指数（VShr）：分别为 0，0.2，0.14。

风速计算：在坐标（X，Y，Z）处的风速可用下面公式计算：

$$V_h = V \cdot (Z / \text{RefHt}) \cdot V \cdot \text{Shr}$$
$$+ \ V \cdot \text{HLinShr} / \text{RefWid} \cdot (Y \cdot \cos(\text{Delta}) + X \cdot \sin(\text{Delta}))$$
$$+ V \cdot V \cdot \text{LinShr} / \text{RefWid} \cdot (Z - \text{RefHt})$$

图 7.24　平均风界面

2）IEC 风

IECWind 是为空气动力学仿真器（AeroDyn）提供风文件，用 Fortran 语言编写，产生 IEC 风文件数据，IECWind 用于产生风文件模型的极端风况，在 IEC 61400-1，ED. 3.0 里有详细说明，如图 7.25 为 IEC 风界面。

运行时间：可以模拟仿真的时间，如果仿真时间少于 FAST 的仿真时间，将出现错误。

瞬态起始时间：定义 IEC 条件的启动时间，单位秒（s），允许涡轮在开始前提供稳定的瞬态风况；不使用稳定的极端风速模型（EWM）或正态风速剖面（NWP）模型。默认：40s 开始。

风机类型：定义风机类型（1，2，3），在 IEC 中定义。默认值：2。

湍流类型：表示风湍流类别（A，B，C），默认值：B。

入流角：风的流入角度，IEC 定义在 –8°~ + 8°，转子角流入，IEC 标准指定最大的倾角为 8°，假设角度和高度不变，角度绝对值超过 8°，IECWind 会打印警告信息，虽然将允许你使用它，默认值：0.0。

风剪切指标：IEC 标准规定 0.2 0.14 选项标准 1，或标准 3。

轮毂高度：定义风轮机的高度风剪切时平均风速随高度的稳态变化。

风轮直径：风机叶片的长度。

切入风速：风电机组的启动风速。

额定风速：风电机组达到额定功率，在风速稳定，风力机开始发电时，轮毂高度处的最低风速。

切出风速：风电机组能够承受的最大风速，超过额定风速，风机停机，在风速稳定，风力达到设计功率时，轮毂高度处的最高风速。

默认参数如图 7.25 所示。

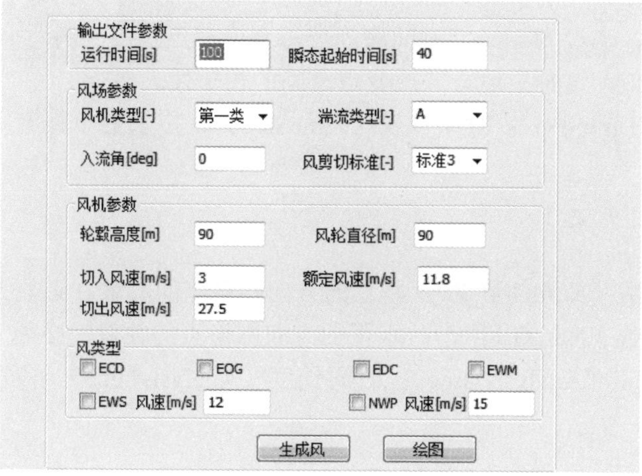

图 7.25　IEC 风界面

3）湍流风

湍流风是为空气动力学仿真器（AeroDyn）提供风文件，用 Fortran 语言编写，产生 Turbsim 风文件数据，在 IEC 61400-1，ED. 3.0 里有详细说明。湍流风模拟方法如图 7.26 所示。

随机种子（RandSeed）：随机种子范围必须在 –2147483647~2147483648，用来在每个频率的每个网格点处产生随机相位。

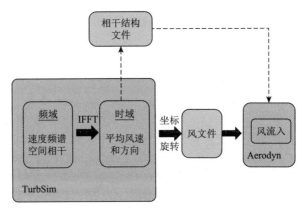

图 7.26　湍流风模拟方法

湍流标准差（ScaleIEC）：IEC 湍流类型提取的标准差，这个参数的变化分析在 IEC 谱模型输出时域的风速。由于数值计算没有这个扩展，通常略低于特定的值，增加时域的值或者减少时间步长的值接近于定义的湍流标准。由于空间相关性，风速在纵向的湍流强度的随机种子产生高斯分布，为了获得特定的湍流强度的值，时间序列都乘以一个换算系数的比值决定目标到实际的计算标准偏差。

当设为 0 时，没有扩展到时域；当设为 1 时，时间序列在每个模拟点使用相同的比例因子；当设为 2 时，时间序列在每个模拟点是按比例缩小，以便湍流强度获取定义的值，这种扩展方法改变点之间的相干性。

步长[s]（TimeStep）：时间步长（TimeStep）决定了最小频率（V_t），用于傅里叶逆变换：

$$f_{\max} = \frac{1}{V_t}$$

垂直网格数（NumGrid_Z）：垂直的方向网格点的数量；必须大于 1。

水平网格数（NumGrid_Y）：水平的方向网格点的数量；必须大于 1。

时间长度[s]（AnalysisTime）：时间长度（AnalysisTime）参数表明频率产生输出时间序列：

$$\Delta f = \frac{1}{\text{AnalysisTime}}$$

频数（NumFreq）：该参数不能太大，否则画图将出现错误：

$$\text{NumFreq} = \frac{\text{AnalysisTime}}{\text{TimeStep}}$$

轮毂高度[m]（HubHt）：风轮中心到地面的距离，作为参考高度确定网格位置。

网格高度[m]（GridHeight）：网格的顶部与底部的距离，$\frac{1}{2}\text{GridHeight} < \text{HubHt}$，如图 7.27 所示。

网格宽度[m]（GridWidth）：网格左端与右端的距离，网格宽度必须大于叶片长度，如图 7.28 所示。

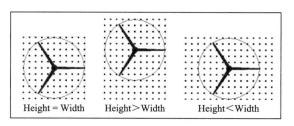

图 7.27　网格

垂直入流角[F]（VFlowAng）：平均风速与垂直方向的角度，通过整个网格，输入的角度小于 45°，正值表示吹上坡风，负值表示吹下坡风，如图 7.29 所示。

水平入流角[F]（HFlowAng）：平均风速与水平方向的角度，如图 7.30 所示。

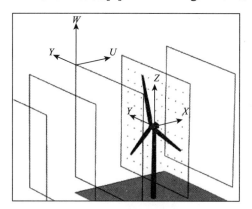

图 7.28　风速坐标轴

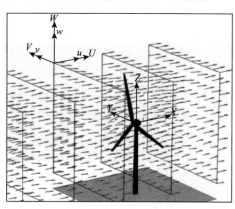

图 7.29　风速方向（零角度）

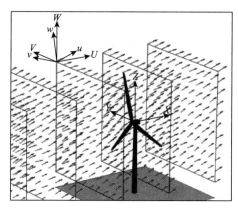

图 7.30　风速方向（垂直流入角度为 8°，水平流入角度为 15°）

湍流频谱模型（Turbulence Model）：选择使用的频谱模型，如表 7.1 所示。

表 7.1　湍流频谱模型

选项	描述
GP_LLJ	可再生能源实验室的低空气流
IECKAI	IEC 的 Kaimal 模型
IECVKM	IEC 的 von Karman 谱模型
NWTCUP	美国风能技术中心的模型
SMOOTH	Riso 光滑地形模型
WF_07D	可再生能源实验室风场 7-转子直径顺风
WF_14D	可再生能源实验室风场 14-转子直径顺风
WF_UPW	可再生能源实验室风场上风向

IEC 标准（IECstandard）：IEC 标准有三种，分别是 IEC 61400-1、IEC 61400-2（小风轮机）、IEC 61400-3（海上风轮机）。

湍流类型[%]（IEC Turbulence）：使用 IEC 卡尔曼或冯卡门模型的湍流强度，输入的值 A、B、C 表示标准的 IEC 标准的湍流类型，A 表示最强的湍流，图 7.31 表示标准的 IEC 类型和湍流类型的风速与标准差的关系。我们可以定义湍流强度来代替湍流类型，可用下面公式表示：

$$\sigma_1 = \frac{\text{IECturbc}}{100}\bar{u}_{\text{hub}}$$

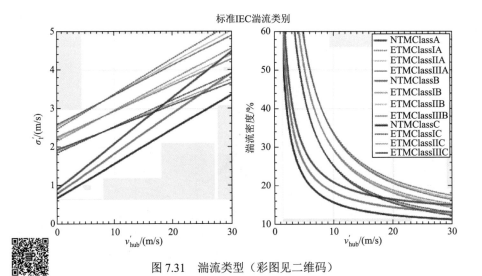

图 7.31　湍流类型（彩图见二维码）

　　如果选择 NWTCP 频谱模型并且选择 KHTEST 参数，产生的风场的效果是翻腾的。湍流类型不适合其他频谱模型。

　　风类型：标准使用 IEC 风模型，如表 7.2 所示。

表 7.2　IEC 风模型

IEC 风模型	描述
NTM	正常湍流模型
1ETM	极端湍流类型 1
2ETM	极端湍流类型 2
2ETM	极端湍流类型 3
1EWM1	极端湍流类型 1（1 年循环）
2EWM1	极端湍流类型 2（1 年循环）
3EWM1	极端湍流类型 3（1 年循环）
1EWM50	极端湍流类型 3（50 年循环）
2EWM50	极端湍流类型 3（50 年循环）
3EWM50	极端湍流类型 3（50 年循环）

　　参考高度：相对于参考风速进行定义的，这个参数使用户的特定平均风速在一个高度而不是轮毂高度。

　　平均风速：在参考高度处的风速。

　　湍流风参数说明如图 7.32 所示。

图 7.32　湍流风参数说明

7.3.4　平台模块

　　平台模块负责提取平台的物理结构、状态参数以及缆绳系泊系统详细信息，并且结合水动力学软件 WAMIT 生成的结果文件，从而生成固定模式的塔架模型。并将输入的数据进行判断，对不合格的输入数据予以提示。平台模块可以模拟陆地上的地基底座、海上定桩风机的底座和漂浮式平台的平台配置。平台模块给出了平台结构以及坐标系的示意图，其中平台的参考点、质心与中心取决于用户的输入，平台的自由度分析（平台前后、左右、上下的晃动和旋转）需用户自定义选择，平台接收外部噪声扰动的干扰，并且能够对其做出分析。用户需要对平台的自由度分析开关、平台物理结构、波浪配置、WAMIT 水动力学文件配置以及缆绳配置进行定义，如图 7.33 为平台模块界面参数。

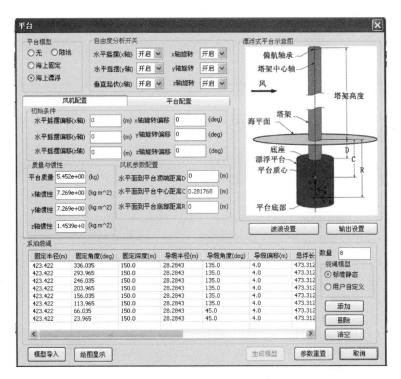

图 7.33　平台模块界面参数

　　平台模块不支持模态分析。

　　自由度分析开关：自由度分析开关共分为 6 个，以平台底部的中心为远点，如图 7.33 所示分别沿着 x、y、z 三个方向位移与旋转，其中 x 方向上的位移为晃动位移，y 方向上的位移为摇摆位移，z 方向上的位移为起伏位移，x 方向的旋转为倾覆力矩，y 方向的旋转为变桨力矩，z 方向上的旋转为偏航力矩。

1. 风机配置

初始条件：分别在 x、y、z 三个方向上的位移（晃动位移、摇摆位移、起伏位移）初始偏移和旋转（倾覆力矩、变桨力矩、偏航力矩）初始偏移。

质量与惯性：除去塔架部分的浮动平台质量以及平台标准坐标系下的 x、y、z 三个轴上的惯性。

风机参数配置：分别都以海平面为基准点定义了到平台顶端、平台质心和平台底端的距离还定义平台的几何信息。

2. 平台配置

平台模型：当平台模型选择用户自定义的时候，软件会调用一个 UserPtfmLd( ) 的用户自定义函数来进行计算平台载入。平台的载荷也是由函数里面的外部载荷来定义的。例如，这些载荷应该是由塔底刚度、阻尼、缆绳的弹力和阻尼还有流体静力和动力共同作用的，其只作用于平台参考点的瞬时载荷。若用户选择常规设置，则会选择 NREL 标准的漂浮式平台模型。

WAMITFile：水动力学软件 WAMIT 生成的输出文件，包括线性、无量纲化的流体静力学弹性矩阵文件（.hst extension）、基于频率的质量矩阵和阻尼矩阵的流体动力学文件（.1 extension）和基于频率和方向的单位值上的激振力向量振幅（.3 extension）。

黏性阻力计算：将平台的传感器放置节点数目、水下塔架高度、有效平台直径与平台规范化的水动力黏性阻力系数用于基于 Morison 方程的黏性阻力计算。

波辐射内核计算：定义分析时间来保证时间能够满足辐射脉冲响应的衰减振荡至 0；同时计算的步长推荐小于 0.1。

3. 系泊缆绳

固定半径：缆绳固定到海底的垂直映射到海底的半径。

固定角度：缆绳固定到海底的入射角度。

固定深度：缆绳拉入海底的深度。

导缆半径：缆绳拉出导缆孔的平面半径。

导缆角度：缆绳拉出导缆孔时的角度。

导缆偏移：导缆孔相对于平台的偏移。

悬浮长度：缆绳悬浮在海水里的长度。

缆绳直径：缆绳自身的粗细直径。

质量密度：缆绳结构的质量密度。

缆绳张力：缆绳自身的张力弹性系数。

海床阻力系数：海底对缆绳的阻力系数。

拉伸容错：默认值为 0.001。

输出设置：分为入射波输出点数和平台动力学监测点数，单击主界面的"输出设置"按钮会弹出相对应的对话框，默认值分别为 1 和 8。

7.3.5　输出参数模块

输出参数模块界面如图 7.34 所示。

本软件提供了一个用于计算结果分析的后处理工具，可提供以下计算。

基本统计：计算平均、最小、最大、标准偏移，以及信号的失真及峰态。

傅里叶谐波：计算多倍于叶轮旋转频率的信号傅里叶分量。

周期性分量：分离出信号中的周期性及随机性部分。

极限前置量：预测采样时间记录的极端荷载的持续时间。

自动频谱：计算信号的自动频谱密度。

交叉频谱：计算两信号之间的交叉频谱密度、相关性及变换函数。

概率密度：计算信号的概率分布。

峰值分析：计算信号峰、谷值的概率密度。

平面交叉分析：计算交叉任意特定门限值的概率。

雨流循环计数：疲劳分析的信号循环计数、破坏性载荷计算。

疲劳损坏预测：计算疲劳损坏。

年发电量：根据功率曲线计算年发电量，是平均风速的函数。

信道组合：组合并换算大量的信号（有利于生成疲劳分析组合应力信号）。

最终载荷：确定最大和最小载荷与其他载荷的共存值。

最终载荷工况：确定生成最大、最小载荷值的载荷工况。

闪变：计算由风机造成的电网电压波动而产生的闪变程度。

线性模拟转化模型线性化计算结果为适合控制系统设计的状态空间模型。

图 7.34　输出参数模块界面

后处理计算可以从"输出参数"窗口单击进入，通过设置各个参数的变量值然后单击"生成文件"按钮便可以进行计算，并且生成以.cru 为后缀的配置文件保存生成结果；或者选择标题栏上的"计算"里面的"后处理"选项也可以打开同样的窗口。

1. 基本统计

可以计算信号的下列基本统计特征。

最大值：Max(x)。

最小值：Min(x)。

均值：$\bar{x}$ 。

标准偏差：$\delta - \sqrt{\overline{(x-\bar{x})^2}}$

偏态值：$\overline{(x-\bar{x})^3}/\delta^3$

峰态值：$\overline{(x-\bar{x})^4}/\delta^4$

2. 傅里叶谐函数及其周期性成分和随机性成分

风力机所受载荷既有周期性成分又有随机性成分，载荷的周期性成分来源于作为风轮方位角函数而周期性变化的效应，如重力载荷、塔影、偏航未对准、风力剪切等。而随机性成分则来源于风紊流的随意性。将载荷的周期性成分和随机性成分在作用时间上分离开来，以按照基本转动频率的谐函数分析周期性成分，常常有助于理解风力机的受载。

将一个信号逆着风轮的方位角分为很多小段，称为 bin，可以获取该信号的周期性成分。方位角 bin 数可以由用户来指定，或用作用时间内的前两个方位角值计算得到。这些值来定义方位角宽度，然后被调整成一转的精确分谐波。

方位角 bin 数必须和作用时间的采样间隔一致。如果使用过多的 bin，其中一些可能是空的，此时，计算将不能继续下去。

已经获得一个信号的周期性成分，在初期通过 2～4 次线性插值之后，应用离散傅里叶变换方法，就可以得到傅里叶谐函数。

在每一个时间点减去由方位角计算的周期性成分，可以得到一个信号在该时间点的随机性成分。在方位角的 bin 之间要用线性插补。

选择需要处理的信号以及表示叶轮方位角的信号。如果已经选择多通道，则可以选择一批载荷工况和变量进行单个后处理计算，将每一个载荷工况的计算结果作为载荷工况的附加输出进行存储。然后选择自动选择参数或手动选择参数。自动选择一般都满足要求，如果要手动输入，则需要以下参数。

bin 数：用于计算的方位 bin 数（最小 4，最大 144），bin 数越多，结果的精度也越高，但在叶轮的一个运动周期里 bin 数不要多于采样信号数。

谐波数：计算的谐波数（最小为 1，最大为 bin 数的 1/4）。

3. 极限载荷的预测

在风力机的整个寿命周期内很可能已经受若干次极限载荷，很显然，在设计过程中预测这样的极限载荷是至关重要的。通常的惯例是以确定性的载荷案例为基础预测这些极限载荷，在载荷案例中，风素流用由设计标准和认证规则规定的幅度和出现次数表示成离散阵风。CFast 可以为离散型的阵风建模。

由于风素流用概率分布方式表示，一种避免这些离散阵风过度随意特性问题的替换方法是基于概率技术，利用载荷的随机特性。尽管这种方法在建模及其类似结构上的评估极限载荷已有多年，但将它用于风力机的载荷却相当少见。由于涉及运行中风力机，必须考虑随机性的和确定性载荷成分组合的概率分布，因此这种分析是相当复杂的。

任何类型的风力机的载荷均可以表示为

$$y(t) = z(t) + x(t)$$

其中，z 和 x 分别表示载荷的周期性和随机性部分，假如载荷的随机部分是高斯型的，这种表示通常是一种较好的近似，这样，它的概率分布为

$$p(x) = \frac{1}{\delta_x \sqrt{2\pi}} e^{-x^2/(2\delta_x^2)}$$

其中，δ_x 是 x 的标准差。对于这种信号，推导出信号峰值的概率分布为

$$\hat{p}(x) = \frac{\sqrt{1-y^2}}{\delta_x \sqrt{2\pi}} e^{-\eta^2/2(1-y^2)} + \frac{\eta y}{2\delta_x} e^{-\frac{\eta^2}{2}} \left(1 + \text{erf} \left(\frac{\eta}{\sqrt{\frac{2}{y^2} - 2}} \right) \right)$$

其中

$$\eta = x / \delta_x$$
$$y = v_0 / v_m$$
$$v_0 = \sqrt{\frac{M_2}{M_0}}$$
$$v_m = \sqrt{\frac{M_4}{M_2}}$$
$$M_i = \int_0^\infty f^i H(f) \mathrm{d}f$$

其中，f 为频率（Hz）；$H(f)$ 为功率频谱密度；erf$(\cdot)$ 为误差函数

已知这样一个过程的峰值概率分布，可以导出极限值的概率分布。若在一个给定周期内，信号的极限值是 x，该周期的峰值中就一定有这个值，且其余的峰值一定小于该峰值。其概率分布可以写为

$$\hat{p}(\eta) = N\hat{p}(\eta)(1 - \varrho(\eta)^{N-1})$$

其中，$\varrho(\eta) = \int_\eta^\infty \hat{p}(\eta)\mathrm{d}\eta$；$N$ 为在所考虑周期内的峰值数。

结合以上所有方程推导出极限值概率分布的下列解析表达式：

$$\hat{p}(\eta) = \eta \xi e^{-\xi}$$

其中，$\xi = v_0 T e^{-\eta^2/2}$ 且 T 为时间周期。这种分布的平均值为

$$\overline{\eta}_{\text{ext}} = \beta + \frac{\alpha}{\beta}$$

其中，$\beta = \sqrt{2\ln(v_0 T)}$ 和 $\alpha = 0.5772$ 随着 $v_0 T$ 项的增长，极限值分布的平均值会变大且很狭窄。最后所得到的极限值分布的平均值和标准差表达式为

$$\overline{y}_{\text{emax}} = z_{\text{max}} + \delta_x \left(\beta_1 + \frac{\alpha}{\beta_1} \right)$$

$$\sigma_{\text{emax}} = \sigma_x \frac{\pi}{\sqrt{6}\beta_1}$$

其中，$\beta_1 = \sqrt{2\ln(\varepsilon_1 v_0 T)}$，$\varepsilon_1 = \dfrac{t_1}{T_0} = \dfrac{\sigma_z^2}{(z_{\text{max}} - z_{\text{mean}})(z_{\text{max}} - z_{\text{min}})}$

对于极限最小值：

$$\overline{y}_{\text{emin}} = z_{\text{min}} - \sigma_x \left(\beta_3 + \frac{\alpha}{\beta_3} \right)$$

$$\sigma_{\text{emin}} = \sigma_x \frac{\pi}{\sqrt{6}\beta_3}$$

其中

$$\beta_3 = \sqrt{2\ln(\varepsilon_3 v_0 T)}, \quad \varepsilon_3 = \frac{t_3}{T_0} = \frac{\sigma_z^2}{(z_{\text{max}} - z_{\text{mean}})(z_{\text{max}} - z_{\text{min}})}$$

这里，σ_z 是周期性成分 z 的标准差。时间周期 T 应当取整个寿命周期，在该周期内，采用建模时所用的环境条件。

首先选择需要处理的数据及表示 i 叶轮方位角的信号。如果已选择多通道，则可以选择一批载荷工况和变量进行单个后处理计算。将每一个载荷工况的计算结果作为载荷工况的附加输出进行存储。

4. 频谱分析

包含在频谱分析中的所有计算均采用了带集平均的快速傅里叶变换。为了完成频谱分析，信号被分成等长度的若干段，每段必须包含是 2 的幂的若干点。这些分段无须是明显的，可能有重叠。于是，通过乘一个"窗口函数"的方式得到每个分段，而"窗口函数"使分段在其端部接近于零。这样做可以改善频谱尤其是在高频率处。可以选择合适的窗口函数，可随意选择的是，每一段在窗口前移动时可能具有线性趋势，这可以改善在低频谱进行估计的效果。将每段的频谱分

析结果合在一起，可以得到最终的频谱，再将它按比例重新调整其变化以考虑窗口函数的影响。为此，所需要的信息如下。

点的数目：每段数据点的数目。该数目必须是 2 的幂；假如不是，则由程序调整。其最大值可为 4096。数据点的数目越多，频率分辨率越好，这对于低频率可能尤为重要。然而选择较少的数据点可能会导致一种较平滑的频谱，因为这将有更多的分段合在一起求平均。如果有疑问，512 是一种好的初始数据点。

重叠百分比：在段之间的重叠。它必须少于 100%。尽管在使用矩形窗口的情况下 0%可能更为适当，但 50%也常常是令人满意的。

窗口：提供了五种可供选择的窗口函数。

（1）矩形（与不用窗口等价）。

（2）三角形：$1-|2f-1|$。

（3）Hanning：$(\cos(2\pi f))/2$。

（4）Hamming：$0.54-0.46\cos(2\pi f)$。

（5）Whlch：$1-(2f-1)^2$，其中 f 是沿着分段的相对位置（起点为 0，终点为 1）。推荐使用后三个窗口之一。

首先，选择需要进行处理的信号。如果已选择多通道，则可以选择一批载荷工况和变量进行单个后处理计算。将每一个载荷工况的计算结果作为载荷工况的附加输出进行存储，或累加到整个风力机寿命期。输入以下信息：每段的点数、重叠百分比、窗口（选择）、移除趋势。

5. 概率、尖峰和水平正交分析

这些计算是由 bin 值导致。所用的 bin 的范围和大小由程序计算，除非它们已经由用户提供。

概率密度分析 bin 信号值。由概率密度函数、概率密度分析也能计算累积概率分布。也可计算高斯分布以进行比较，高斯分布与信号具有相同的均值和标准差。有一个选项可移去信号的均值：它仅仅是将计算所得的分布移动，从而避免为 0。

尖峰分析值 bin 是分析那些正在翻转信号点的信号值，对尖峰和波谷分别进行分析 bin，以便它们各自的概率分布能够输出。

至于水平交叉分析，上交叉和下交叉的数目被计算在每个 bin 中点内。在各个方向上每个单位时间内的交叉数目被输出以适合于每个 bin 中点。

点中需要处理的信号。如果已选择多通道，则可以选择一批载荷工况和变量进行单个后处理计算。将每一个载荷工况的计算结果作为载荷工况的附加输出进行存储，或累加到整个风力机寿命期。

对每一个需进行分析处理的变量，输入以下数据。

最小值：分布的开始（应该小于信号最大值）。

最大值：分布的末尾（应该大于信号最大值）。

bin 的数量：建议取 20。如果有足够的数据，更高的值（最大 144）将给出更好的分辨率。

移除均值（复选框）：如果选择此选项，则分布将表示相对平均值的偏差。因此分布的均值将为 0。如果选择多通道，则不会移除均值。

6. 规律非稳定循环计算与疲劳分析

本软件提供了应力作用时间的雨流循环计数和随后的基于循环计算数据的疲劳分析的可能性。一个或更多的载荷作用时间，通过使用程序提供的系数组合与因子分解工具，可以产生一个适当的应力作用时间。

雨流循环计数：用作结构疲劳分析计数的大多数通常都公认的方法。雨流循环计数方法的关键优越性是在应力-应变滞后循环的范围内能够适当考虑到应力或应变的交变。

循环计算的过程包括下列步骤。

（1）搜寻应力关系曲线以通过转折点的识别来确定相继的峰值与谷值。

（2）重新排序相继的峰值与谷值，以使该序列的头部为应力关系曲线中的最高峰值。

（3）扫描峰值与谷值序列以确定雨流循环。当范围超过用户制定的最小范围时，记录一个雨流循环。其中用户指定最小范围的目的是在需要时过滤掉最小的循环。

（4）记录每个雨流循环的均值和范围。

（5）根据循环的均值和范围将计算分为多个小段（bin）后进行雨流循环的计数。分段（bin）的分布由用户定义，需要设定应力最小和最大值及要用的 bin 数目。

（6）从循环计算分析所得的输出是由循环数的二维分布构成的，该循环数是 bin 在循环的均值和范围上的。

扩展这项计算还能产生损伤当量载荷。用户指定一个或多个反向 S-N 曲线的斜率 m 与频率 f，计算出的当量载荷作为恒频正弦载荷的振幅，它将导致和原始信号一样的疲劳载荷。因此，当量载荷由以下公式给出：

$$\left\{ \frac{\sum_i n_i S_i^m}{Tf} \right\}^{\frac{1}{m}}$$

其中，n_i 是在应力范围 S_i 循环的次数；T 为原始时间关系曲线上的持续时间。

选择需要处理的应力信号。如果已选择多通道，则可以选择一批载荷工况和变量进行单个后处理计算。将每一个载荷工况的计算结果作为载荷工况的附加输出进行存储，或累加到整个风力机寿命期。

对每一个进行分析处理的变量，输入以下数据。

最小值：分布的开始（应该小于信号最大值）。

最大值：分布的末尾（应该大于信号的最大值）。

bin 的数量：建议取 20。如果有足够的数据，更高的值（128）将给出更好的分辨率。

最小范围：统计为一次循环的最小信号范围。输入非 0 值对移除信号中的失真噪声的影响具有重要作用。

如果选择计算等效载荷选项，则可以输入最多 10 个反 $S\text{-}N$ 斜率用于等效载荷计算。这些等效载荷是正弦波载荷，如果制定了正弦波的频率，将会在指定的 $S\text{-}N$ 斜率下产生同样的疲劳损伤。

使用雨流循环计数，可以用成分循环表达一个复杂的应力关系曲线。雨流循环的分布状态由循环次数来定义，将该循环次数划分为很多小段，得到小段对应的应力范围和均值。当"累积疲劳损伤数"达到 1.0 时将发生破坏，具体如下：

$$\sum_i \frac{n_i}{N_i} = 1.0$$

其中，n_i 是第 i 种应力的规律性不稳定循环的次数；N_i 是相应的达到破坏的循环次数。其总和定义为累积破坏。

对于应力水平 S_i 的规律性不稳定循环，材料的 $S\text{-}N$ 曲线给出了其失效的循环次数。本软件的用户必须以下列两种方式之一提供 $S\text{-}N$ 曲线。第一种方式是以对数关系的形式给出 $S\text{-}N$ 曲线：

$$\log S = \frac{1}{m} \log k - \frac{1}{m} \log N$$

因此

$$N = kS^{-m}$$

用户必须指定值 $m\text{-}\log S$ 对 $\log N$ 关系的斜率倒数。用户还必须指定对数关系的截距 c，上面公式的参数 k 与截距 c 有如下关系：

$$k = c^m$$

第二种方式是用户通过查表的方法将 $S\text{-}N$ 曲线指定为任意函数。

7. 各个复合参数的画图表示

在各项参数配置信息填写完整之后（系统默认和用户自定义），单击"生成文件"按钮便可以生成 .cru 的配置文件交由 fast 进行计算统计，最后在计算结果中挑选用户需要参数的对比信息并通过图像的方式进行显示，如图 7.35 所示为输出参数配置界面。

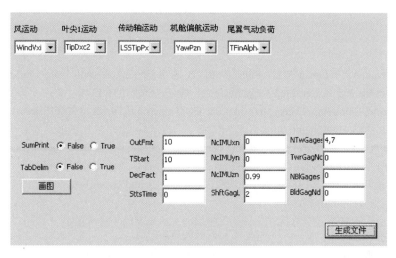

图 7.35　输出参数配置界面

参 考 文 献

[1] Tummala A，Velamati R K，Sinha D K，et al. A review on small scale wind turbines[J]. Renewable and Sustainable Energy Reviews，2016，56：1351-1371.

[2] European Comission. Energy，transport and GHG emissions Trends to 2050[EB/OL]. https://doi. org/10.2833/9127[2020-07-01].

[3] Wang X，Yang X，Zeng X. Seismic centrifuge modelling of suction bucket foundation for offshore wind turbine[J]. Renewable Energy，2017，114：1013-1022.

[4] 北极星风力发电. 2019 年风电行业深度报告[EB/OL]. http://news.bjx.com.cn/html/20200309/ 1052151. shtml[2019-07-01].

[5] 时智勇，王彩霞，李琼慧."十四五"中国海上风电发展关键问题[J]. 中国电力，2020，53（7）：8-17.

[6] 中华人民共和国中央人民政府. 国家发展改革委关于完善风电上网电价政策的通知[EB/OL]. http://www.gov.cn/xinwen/2019-05/25/content_5394615.htm[2019-07-01].

[7] GB/T 51308—2019. 海上风力发电场设计标准[S]. 中华人民共和国住房和城乡建设部，2019.

[8] CGC-R49049. 海上风电项目认证实施规则[EB/OL]. http://www.cgc.org.cn:8080/cgcorg/a/20129/ 201292511370595.htmlCharacteristics of atmospheric turbulence near the ground[R]ESDU85020 [2019-07-01].

[9] Heronemus W. A Proposed National Wind Power R and D Program[D]. Amherst：Massachusetts-University，1973.

[10] Glanville R S，Paulling J R，Halkyard J E，et al. Analysis of the spar floating drilling production and storage structure[C]. Offshore Technology Conference，Houston，1991.

[11] Barltrop N. Multiple unit floating offshore wind farm（MUFOW）[J]. Wind Engineering，1993：183-188.

[12] Neville A. Hywind floating wind turbine，North Sea，Norway[J]. Power，2009，153（12）：40.

[13] Jalbi S，Nikitas G，Bhattacharya S，et al. Dynamic design considerations for offshore wind turbine jackets supported on multiple foundations[J]. Marine Structures，2019，67：102-631.

[14] Yue M N，Liu Q S，Li C，et al. Effects of heave plate on dynamic response of floating wind turbine Spar platform under the coupling effect of wind and wave[J]. Ocean Engineering，2020：201.

[15] Ulazia A，Nafarrate A，Ibarra-Berastegi G，et al. The consequences of air density variations over Northeastern Scotland for offshore wind energy potential[J]. Energies，2019，12（13）：26-35.

[16] Qian M，Chen N，Zhao L，et al. A new pitch control strategy for variable-speed wind generator[C]. IEEE PES Innovative Smart Grid Technologies，Singapore，2012：1-7.

[17] Rahimi M，Asadi M. Control and dynamic response analysis of full converter wind turbines

with squirrel cage induction generators considering pitch control and drive train dynamics[J]. International Journal of Electrical Power & Energy Systems, 2019, 108: 280-292.

[18] Mazouz F, Belkacem S, Colak I, et al. Adaptive direct power control for double fed induction generator used in wind turbine[J]. International Journal of Electrical Power & Energy Systems, 2020, 114: 105-395.

[19] Mohammadi E, Fadaeinedjad R, Moschopoulos G. Implementation of internal model based control and individual pitch control to reduce fatigue loads and tower vibrations in wind turbines[J]. Journal of Sound and Vibration, 2018, 421: 132-152.

[20] Zhang Y, Cheng M, Chen Z. Load mitigation of unbalanced wind turbines using PI-R individual pitch control[J]. IET Renewable Power Generation, 2015, 9 (3): 262-271.

[21] Howlader A M, Izumi Y, Uehara A, et al. A robust H_∞ controller based frequency control approach using the wind-battery co-ordination strategy in a small power system[J]. International Journal of Electrical Power & Energy Systems, 2014, 58: 190-198.

[22] Poultangari I, Shahnazi R, Sheikhan M. RBF neural network based PI pitch controller for a class of 5-MW wind turbines using particle swarm optimization algorithm[J]. ISA Transactions, 2012, 51 (5): 641-648.

[23] Sierra-García J E, Santos M. Wind turbine pitch control with an RBF neural network[C]// International Workshop on Soft Computing Models in Industrial and Environmental Applications. Cham: Springer, 2020: 397-406.

[24] Sloth C, Esbensen T, Stoustrup J. Robust and fault-tolerant linear parameter-varying control of wind turbines[J]. Mechatronics, 2011, 21 (4): 645-659.

[25] Sami M, Patton R J. Wind turbine sensor fault tolerant control via a multiple-model approach[C]. Proceedings of 2012 UKACC International Conference on Control, Cardiff, 2012: 114-119.

[26] Rotondo D, Nejjari F, Puig V, et al. Fault tolerant control of the wind turbine benchmark using virtual sensors/actuators[J]. IFAC Proceedings Volumes, 2012, 45 (20): 114-119.

[27] Hall M. Mooring Line Modelling and Design Optimization of Floating Offshore Wind Turbines[D]. British Colambia: University of Victoria, 2013.

[28] Jonkman J. Dynamics Modeling and Loads Analysis of an Offshore Floating Wind Turbine[D]. Colorado: National Renewable Energy Laboratory, 2007.

[29] Christopher Joseph Fisichella. An Improved Prescribed Wake Analysis for Wind Turbine Rotors[D]. Chicago: The Graduate College of the University of Illinois, 2001.

[30] Sam A A. Wind-wave Interaction Effects on Offshore Wind Energy[D]. Lund: Sweden-Lund University, 2016.

[31] Arkadiusz M. Mitigation of ice loading on off-shore wind turbines: Feasibility study of a semi-active solution[J]. Computers and Structures 86, 2008: 217-226.

[32] Hall M, Goupee A. Validation of a lumped-mass mooring line model with DeepCwind semisubmersible model test data[J]. Ocean Engineering, 2015, 104: 590-603.

[33] Stewart G M. Load Reduction of Floating Wind Turbines Using Tuned Mass Dampers[D]. Amherst: Massachusetts-University of Massachusetts, 2012.

[34] Jonkman J M, Jr Buhl M L. FAST user's guide[J]. Golden, CO: National Renewable Energy

Laboratory，2005，365：366.

[35] Stotsky，Alexander. Blade root moment sensor failure detection based on multibeam LIDAR for fault-tolerant individual pitch control of wind turbines[J]. Energy Science & Engineering，2014，2（3）：107-115.

[36] Liu Y H，Patton R J，Lan J L. Fault-tolerant individual pitch control using adaptive sliding mode observer[J]. IFAC-PapersOnLine，2018，51（24）：1127-1132.

[37] Liu C X，Zhao Z J，Wen G L. Adaptive neural network control with optimal number of hidden nodes for trajectory tracking of robot manipulators[J]. Neurocomputing，2019，350：136-145.

[38] Yuan Y，Chen X，Tang J. Multivariable robust blade pitch control design to reject periodic loads on wind turbines[J]. Renewable Energy，2020，146：329-341.

[39] Chen Z J，Stol K A，Mace B R. Wind turbine blade optimisation with individual pitch and trailing edge flap control[J]. Renewable Energy，2017，103：750-765.

[40] Asl H J，Yoon J. Power capture optimization of variable-speed wind turbines using an output feedback controller[J]. Renew Energy，2016，88：517-525.

[41] Abdelbaky M A，Liu X J，Jiang D. Design and implementation of partial offline fuzzy model-predictive pitch controller for large-scale wind-turbines[J]. Renewable Energy，2020，145：981-996.

[42] Yuan Y，Tang J. Adaptive pitch control of wind turbine for load mitigation under structural uncertainties[J]. Renewable Energy，2017，105：483-494.

[43] Her S，Huh J，Kim B. Formula for estimating the uncertainty of manufacturer's power curve in pitch-controlled wind turbines[J]. IET Renewable Power Generation，2018，12（3）：292-297.

[44] Dubois A，Leong Z Q，Nguyen H D，et al. Uncertainty estimation of a CFD-methodology for the performance analysis of a collective and cyclic pitch propeller[J]. Applied Ocean Research，2019，85：73-87.

[45] Prasad S，Purwar S，Kishor N. Non-linear sliding mode control for frequency regulation with variable-speed wind turbine systems[J]. International Journal of Electrical Power & Energy Systems，2019，107：19-33.

[46] 陈晨. 基于自适应 PI 控制方法的海上浮式风机独立变桨控制研究[D]. 重庆：重庆大学，2016.

附　　录

附.1　程　序　设　计

软件在 MFC 环境下开发完成，通过在一个工程中调用 FAST 软件的方式首先生成文件，之后运行 FAST 生成结果之后再进行后处理并以图形显示（图 1）。

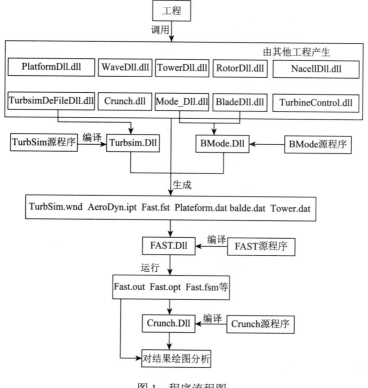

图 1　程序流程图

其中由其他工程生成的动态链接库的导出函数是直接调用对话框的响应函数，其中 TurbsimDeFileDll.Dll 还将调用 Turbsim.dll 来生成风文件，Mode_Dll.dll 和 BladeDll.dll 分别生成模态模块和叶片模块，它们还将调用 BMode.dll 生成 blade.Dat、Tower.dat 和 Plateform.dat 文件，其他模块的动态链接库共同生成 Fast.fst 和 AeroDyn.ipt 文件。

附.2　程序具体设计

1. Fortran 源代码重新编译与调用

FAST 软件及其附属软件均由 Fortran 语言编写而成，如果在 C++ 环境下对其进行二次开发则将 Fortran 编写的软件编译成动态链接库在 C++ 环境中调用，以 FAST 软件为例将其编译成动态链接库的方法如下。

（1）在 vs2008 中新建 Dynamic-link Library。

（2）将 FAST 源程序添加到工程中，所需的源文件如图 2 所示。

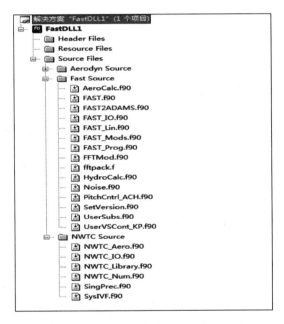

图 2　FAST 动态链接库编译所需源文件

（3）修改主程序文件 FAST_Prog.f90 如下。

将主函数：

```
Program FAST
    …
END Program FAST
```

修改为

```
SUBROUTINE FAST
!DEC$ ATTRIBUTES DLLEXPORT,STDCALL,ALIAS:'_FAST@0'::FAST
```

...

```
END SUBROUTINE FAST
```

（4）编译生成 Fast.Dll。

以 FAST 为例在 C＋＋环境中调用动态链接库。

①新建一个基于对话框的 MFC 工程，取名为 CFAST。

②将 Fast.lib 和 Fast.dll 复制到工程文件夹中并添加到工程中。

③在 CFASTDlg.cpp 文件中添加如下说明：

```
// CFASTDlg.cpp:实现文件
#include "stdafx.h"
#include "CFAST.h"
#include "CFASTDlg.h"
//新添加的
extern "C" void _stdcall FAST();
#pragma comment(lib,"Fast.lib");
```

（5）调用 FAST。

```
void CCFASTDlg::OnBnClickedRun()
{
  FAST();
}
```

2. 由添加项目生成的动态链接库及调用

以 TurbineControl.dll 为例，具体步骤如下。

（1）在 CFAST 工程中添加一个新项目，选择 MFC DLL 选项。

（2）在此项目中添加一个函数如添加传动链模块函数：

```
void WINAPI DriveTrain()
{
    AFX_MANAGE_STATE(AfxGetStaticModuleState());
    CDriveTrain dlg;// 传动链模块
    dlg.DoModal();
}
```

（3）在 TurbineControl.def 文件中添加：

```
TurbineControl.def:声明 DLL 的模块参数
LIBRARY      "TurbineControl"
EXPORTS
```

此处可以显式导出 DriveTrain。

（4）在 TurbineControl.h 文件和 CFAST.h 文件中添加导出声明：

```
/////////////导出函数声明/////////////
#ifdef __cplusplus
extern "C" {
#endif /* __cplusplus */
    void WINAPI DriveTrain();//传动链
#ifdef __cplusplus
}
#endif
```

（5）在 CFASTDlg.cpp 中调用 DriveTrain( )：

```
void CCFASTDlg::OnBnClickedButtonTrain()
{
    // TODO:在此添加控件通知处理程序代码
    DriveTrain();
}
```

结果如图 3 所示。

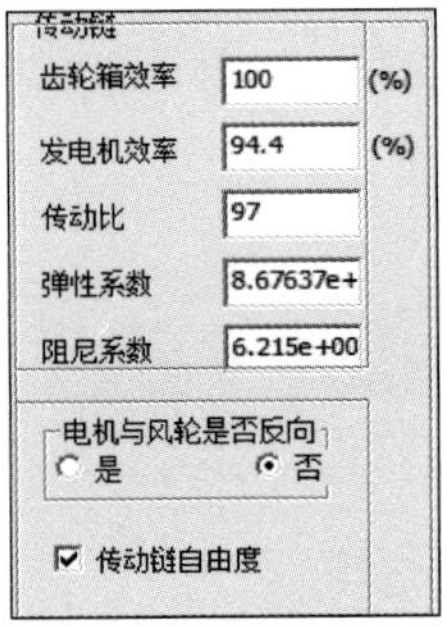

图 3　传动链模块运行结果

附.3　具体模块函数

1. 风模块

OnBnClickedButtonWind( )是风模块按钮的事件响应函数，风模块由 CFAST 工程调用 TurbsimDeFileDll.Dll 再由 TurbsimDeFileDll.Dll 调用 Turbsim.dll 来生成风文件，TurbsimDeFileDll.Dll 的导出函数为 WindFunction( )，调用过程如下：

```
void CCFASTDlg::OnBnClickedButtonWind()
{
FARPROC  Wind_lpfn;              //定义函数地址
HINSTANCE Wind_hinst;           //定义句柄
Wind_hinst=LoadLibrary(".\\WindMIT.dll");  //载入 DLL
if(Wind_hinst==NULL)            //载入失败
{
    AfxMessageBox(_T("载入 DLL 失败！"));
    return;//返回
```

```
}
Wind_lpfn=GetProcAddress(Wind_hinst,"WindFunction");
  //取得DLL导出函数的地址
if(Wind_lpfn==NULL)
{
    AfxMessageBox(_T("读取函数地址失败！"));
    return;//返回
}
Wind_lpfn();//执行DLL函数
FreeLibrary(Wind_hinst);//释放DLLShareMFCDill.dll
}
```

运行结果如图4所示。

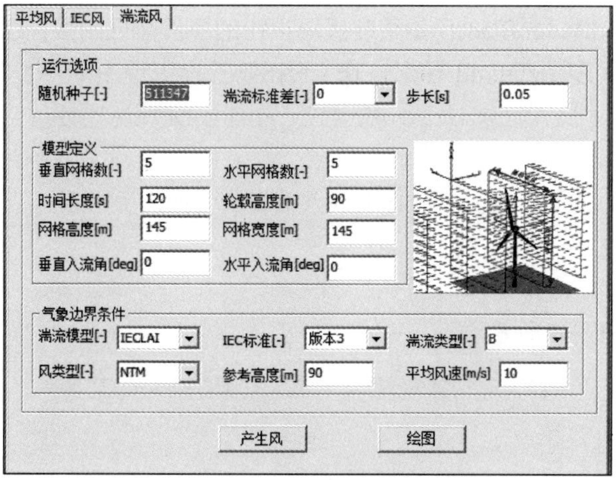

图4　风模块运行结果

2. 翼型模块

OnBnClickedButton Airfoil( )是翼型模块按钮的事件响应函数，翼型模块的函数 Airfoil( )由动态链接库 TurbineControl.dll 导出：

```
void CCFASTDlg::OnBnClickedButton Airfoil()
{
// TODO:在此添加控件通知处理程序代码
  Airfoil();//翼型模块
}
```

运行结果如图5所示。

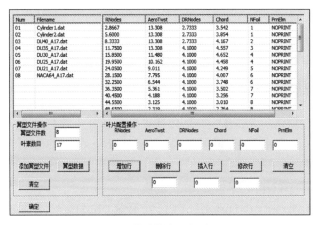

图 5　翼型模块运行结果

3. 桨叶模块的函数

OnBnClickedButtonBlade( )是桨叶模块按钮的事件响应函数，OpenBladeDlg( )函数由动态链接库 BladeDll.dll 导出，在 CFAST 工程中调用如下：

```
void CCFASTDlg::OnBnClickedButtonBlade()
{
// TODO:在此添加控件通知处理程序代码
OpenBladeDlg();
}
```

运行结果如图 6 所示。

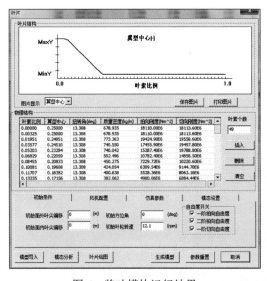

图 6　桨叶模块运行结果

4. 转子模块的函数

OnBnClickedButtonRotor( )是转子模块按钮的事件响应函数，OpenRotorDlg( )函数由动态链接库 RotorDll.dll 导出，调用过程如下：

```
void CCFASTDlg::OnBnClickedButtonRotor()
{
// TODO:在此添加控件通知处理程序代码
OpenRotorDlg();
}
```

运行结果如图 7 所示。

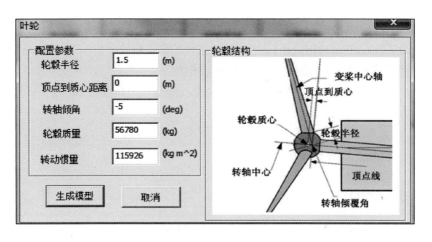

图 7　转子模块运行结果

5. 机舱模块的函数

OnBnClickedButtonNacelle( )是机舱模块按钮的事件响应函数，OpenNacelle-Dlg( )函数由动态链接库 NacelleDll.dll 导出，调用过程如下：

```
void CCFASTDlg::OnBnClickedButtonNacelle()
{
// TODO:在此添加控件通知处理程序代码
OpenNacelleDlg();
}
```

运行结果如图 8 所示。

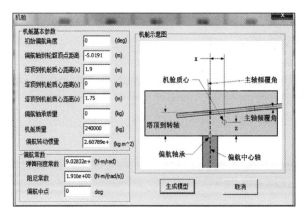

图 8　机舱模块运行结果

6. 塔架模块的函数

OnBnClickedButtonTower( )是塔架模块按钮的事件响应函数，OpenTowerDlg( )函数由动态链接库 TowerDll.dll 导出，调用过程如下：

```
void CCFASTDlg::OnBnClickedButtonTower()
{
// TODO:在此添加控件通知处理程序代码
OpenTowerDlg();
}
```

运行结果如图 9 所示。

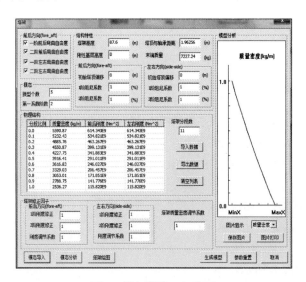

图 9　塔架模块运行结果

7. 平台模块的函数

OnBnClickedButtonPathform( )是平台模块按钮的事件响应函数，OpenPlatform-Dlg( )函数由动态链接库 PlatformDll.dll 导出，调用过程如下：

```
void CCFASTDlg::OnBnClickedButtonPathform()
{
// TODO:在此添加控件通知处理程序代码
OpenPlatformDlg();
}
```

运行结果如图 10 所示。

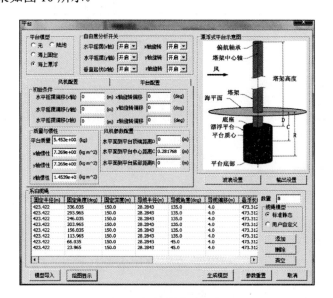

图 10　平台模块运行结果

8. 波浪模块的函数

OnBnClickedButton2( )是波浪模块按钮的事件响应函数，OpenWaveDlg( )函数由动态链接库 WaveDll.dll 导出，调用过程如下：

```
void CCFASTDlg::OnBnClickedButton2()
{
// TODO:在此添加控件通知处理程序代码
OpenWaveDlg();
}
```

运行结果如图 11 所示。

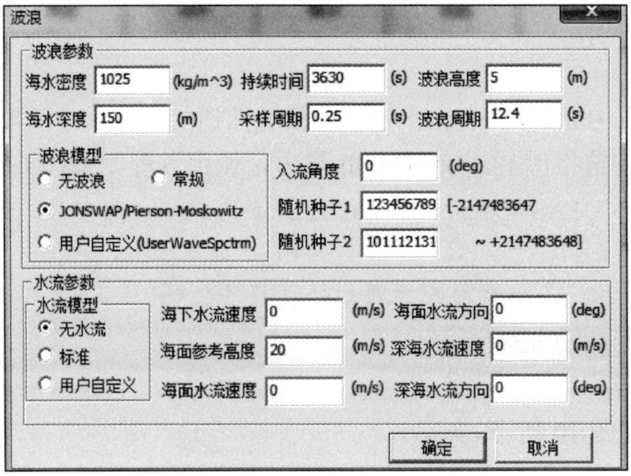

图 11　波浪模块运行结果

9. 传动链模块的函数

OnBnClickedButtonTrain( )是传动链模块按钮的事件响应函数，DriveTrain( )函数由动态链接库 TurbineControl.dll 导出，调用过程如下：

图 12　传动链模块
运行结果

```
void CCFASTDlg::OnBnClickedButtonTrain()
{
    // TODO:在此添加控件通知处理程序代码
    DriveTrain();
}
```
运行结果如图 12 所示。

10. 发电机模块的函数

OnBnClickedButtonGenerator( )是发电机模块按钮的事件响应函数，ShowGen( )函数由动态链接库 TurbineControl.dll 导出，调用过程如下：

```
void CCFASTDlg::OnBnClickedButtonGenerator()
{
// TODO:在此添加控件通知处理程序代码
    ShowGen();
}
```
运行结果如图 13 所示。

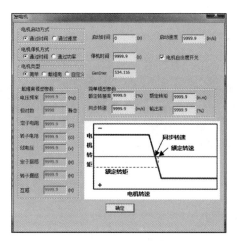

图 13　发电机模块运行结果

11. 控制模块的函数

OnBnClickedButtonControl( )是控制模块按钮的事件响应函数,TurbineCtrl( )函数由动态链接库 TurbineControl.dll 导出,调用过程如下:

```
void CCFASTDlg::OnBnClickedButtonControl()
{
// TODO:在此添加控件通知处理程序代码
    TurbineCtrl();
}
```

运行结果如图 14 所示。

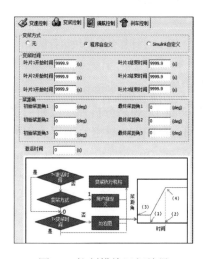

图 14　控制模块运行结果

12. 计算参数模块的函数

OnBnClickedButtonCalc( )是计算参数模块按钮的事件响应函数，Compute( )函数由动态链接库 TurbineControl.dll 导出，调用过程如下：

```
void CCFASTDlg::OnBnClickedButtonCalc()
{
// TODO:在此添加控件通知处理程序代码
Compute();
}
```

运行结果如图 15 所示。

图 15　计算参数模块运行结果

13. 模态分析模块的函数

OnBnClickedButtonModal( )是模态分析模块按钮的事件响应函数，OpenModal-Dlg( )函数由动态链接库 Mode_Dll.dll 导出，调用过程如下：

```
void CCFASTDlg::OnBnClickedButtonModal()
{
    // TODO:在此添加控件通知处理程序代码
    OpenModalDlg();
}
```

运行结果如图 16 所示。

图 16　模态分析模块运行结果

14. 输出参数模块的函数

OnBnClickedButtonOutput( )是输出参数模块按钮的事件响应函数，Crunch1( )函数由动态链接库 Crunch.dll 导出，调用过程如下：

```
void CCFASTDlg::OnBnClickedButtonOutput()
{
    // TODO:在此添加控件通知处理程序代码
    Crunch1();
}
```

运行结果如图 17 所示。

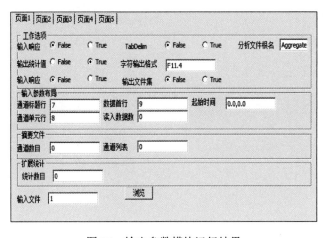

图 17　输出参数模块运行结果